住房城乡建设部土建类学科专业"十三五"规划教材

高等学校工程管理和工程造价学科专业指导委员会规划推荐教材

工程造价管理

刘伊生　主编

吴佐民　主审

U0177905

中国建筑工业出版社

图书在版编目（CIP）数据

工程造价管理 / 刘伊生主编 . —北京：中国建筑工业出版社，
2020.9（2022.12 重印）
住房城乡建设部土建类学科专业"十三五"规划教材 高等学
校工程管理和工程造价学科专业指导委员会规划推荐教材
ISBN 978-7-112-25340-1

Ⅰ.①工⋯ Ⅱ.①刘⋯ Ⅲ.①建筑造价管理－高等学校－教
材 Ⅳ.① TU723.31

中国版本图书馆CIP数据核字（2020）第137030号

本书是住房城乡建设部土建类学科专业"十三五"规划教材。本书遵循国际上流行的全面造价管理（Total Cost Management，TCM）理念，在分析工程造价管理制度及模式的基础上，以工程项目策划决策和建设实施全过程为主线，结合我国工程管理改革内容，全面介绍了工程造价管理的内容和方法。

全书共分9章，主要内容包括：工程造价管理概述、工程造价管理制度及模式、策划决策阶段造价管理、设计阶段造价管理、发承包阶段造价管理、施工阶段造价管理、竣工验收阶段及保修期造价管理、工程造价审计及文件资料管理、工程造价风险管理。

本书可作为高等学校工程管理、工程造价及土木工程专业的教材或教学参考书，也可供政府建设主管部门、建设单位、工程咨询及监理单位、设计单位、施工单位等有关工程管理或工程造价管理人员参考。

为更好地支持相应课程的教学，我们向采用本书作为教材的教师提供教学课件，有需要者可与出版社联系，邮箱：jckj@cabp.com.cn，电话：（010）58337285，建工书院https://edu.cabplink.com。

责任编辑：王 跃 张 晶 牛 松
责任校对：姜小莲

住房城乡建设部土建类学科专业"十三五"规划教材
高等学校工程管理和工程造价学科专业指导委员会规划推荐教材

工程造价管理

刘伊生 主编
吴佐民 主审

＊

中国建筑工业出版社出版、发行（北京海淀三里河路9号）
各地新华书店、建筑书店经销
北京锋尚制版有限公司制版
天津安泰印刷有限公司印刷

＊

开本：787毫米×1092毫米 1/16 印张：12 字数：257千字
2020年9月第一版 2022年12月第四次印刷
定价：36.00元（赠教师课件）
ISBN 978-7-112-25340-1
（36089）

序　言

　　全国高等学校工程管理和工程造价学科专业指导委员会（以下简称专指委），是受教育部委托，由住房城乡建设部组建和管理的专家组织，其主要工作职责是在教育部、住房城乡建设部、高等学校土建学科教学指导委员会的领导下，负责高等学校工程管理和工程造价类学科专业的建设与发展、人才培养、教育教学、课程与教材建设等方面的研究、指导、咨询和服务工作。在住房城乡建设部的领导下，专指委根据不同时期建设领域人才培养的目标要求，组织和富有成效地实施了工程管理和工程造价类学科专业的教材建设工作。经过多年的努力，建设完成了一批既满足高等院校工程管理和工程造价专业教育教学标准和人才培养目标要求，又有效反映相关专业领域理论研究和实践发展最新成果的优秀教材。

　　根据住房城乡建设部人事司《关于申报高等教育、职业教育土建类学科专业"十三五"规划教材的通知》（建人专函［2016］3号），专指委于2016年1月起在全国高等学校范围内进行了工程管理和工程造价专业普通高等教育"十三五"规划教材的选题申报工作，并按照高等学校土建学科教学指导委员会制定的《土建类专业"十三五"规划教材评审标准及办法》以及"科学、合理、公开、公正"的原则，组织专业相关专家对申报选题教材进行了严谨细致地审查、评选和推荐。这些教材选题涵盖了工程管理和工程造价专业主要的专业基础课和核心课程。2016年12月，住房城乡建设部发布《关于印发高等教育 职业教育土建类学科专业"十三五"规划教材选题的通知》（建人函［2016］293号），审批通过了25种（含48册）教材入选住房城乡建设部土建类学科专业"十三五"规划教材。

　　这批入选规划教材的主要特点是创新性、实践性和应用性强，内容新颖，密切结合建设领域发展实际，符合当代大学生学习习惯。教材的内容、结构和编排满足高等学校工程管理和工程造价专业相关课程的教学要求。我们希望这批教材的出版，有助于进一步提高国内高等学校工程管理和工程造价本科专业的教育教学质量和人才培养成效，促进工程管理和工程造价本科专业的教育教学改革与创新。

高等学校工程管理和工程造价学科专业指导委员会

前　言

　　自2012年正式列入教育部本科专业目录以来，工程造价专业得到快速发展，亟需建立和完善与工程造价专业相适应的课程及教材体系。"工程造价管理""工程计量"和"工程计价"是支撑高等学校工程造价专业的三大核心课程，而且"工程造价管理"也是工程管理专业的一门核心课程。为适应我国建设工程造价管理改革发展形势，满足教学与实际工作需要，特编写《工程造价管理》一书。本书也是住房城乡建设部土建类学科专业"十三五"规划教材。

　　本书力求做到内容全面、系统完整，遵循国际上流行的全面造价管理（Total Cost Management，TCM）理念，在分析工程造价管理制度及模式的基础上，以工程项目策划决策和建设实施全过程为主线，结合我国工程管理改革内容，全面介绍了工程造价管理的内容和方法。在本书编写过程中，始终遵循理论与实践相结合的原则，不仅在各章节尽量体现建设工程造价管理内容和实践需求，而且在每章后均附有复习思考题，以便于读者进一步理解和掌握建设工程造价管理理论和方法。

　　本书由刘伊生主编，吴佐民主审。其中1、2、4～7章由刘伊生编写，3章由刘伊生、孙锐娇、武朋编写，8章由刘伊生、乔柱、孙颖编写，9章由梁化康、乔柱、王之龙编写。全书由刘伊生统稿。

　　本书在编写过程中得到吴佐民教授级高工的大力支持和热情指导，并在成稿后提出宝贵意见和建议，在此表示衷心感谢！

　　由于作者水平及经验所限，书中缺点和谬误在所难免，敬请各位读者批评指正，不胜感激。

作者
2019年10月

目　录

序　言
前　言

1

工程造价管理概述

【学习目标】

实施工程造价管理，首先需要明确工程造价及其管理的含义，掌握工程造价管理的组织和内容，并了解工程造价管理的发展趋势——全面造价管理。

通过学习本章，应掌握如下内容：

（1）工程造价基本含义及计价特征；

（2）工程造价管理组织系统和主要内容；

（3）全面造价管理框架体系。

1.1 工程造价及计价特征

1.1.1 工程造价含义及相关概念

1. 工程造价含义

工程造价通常是指工程建设预计或实际支出的费用。工程造价以工程项目为对象，考虑其投资决策至竣工投产全过程所发生的费用。在工程发承包前，工程造价是指预计支出的费用，如投资决策阶段的投资估算、设计阶段的概算预算、招标阶段的最高投标限价等；在工程发承包后，工程造价是指实际核定的费用，如签约合同价、施工阶段的工程结算、竣工决算等。最终的工程造价反映工程所需建设费用或建造费用，不包括运营维护期的维修保养及改造等各项费用，也不包括流动资金。

由于管理主体和涵盖范围不同，工程造价有不同的含义。

（1）含义一：从投资者（业主）角度看，工程造价是指建设一项工程预期或实际支出的全部固定资产投资费用。投资者为了获得建设投资的预期效益，需要进行策划决策及建设实施（设计、施工）等一系列活动。在上述活动中所花费的全部费用就构成了工程造价。因此，对投资者而言，工程造价是指建设工程固定资产总投资。

根据建设工程的组成内容和实现方式不同，固定资产总投资又可分为建筑安装工程费用、设备及工器具购置费、工程建设其他费用、预备费和建设期贷款利息。

（2）含义二：从承包单位角度看，工程造价是指建设一项工程预期或实际支出的总费用。由于工程承包范围不同，工程造价也不同。对工程总承包单位而言，由于其承包范围可能包括工程设计、材料设备采购及工程施工，因此，工程造价将会包括工程设计、材料设备采购及工程施工所支出的全部费用。而对施工承包单位而言，由于只承包工程施工任务，工程造价仅包括工程施工所需支出的费用。当然，这里的工程既可以是涵盖范围很大的一个工程项目，也可以是其中的一个单项工程或单位工程，甚至是一个分部工程，如建筑装饰装修工程等。

（3）含义三：从业主与承包单位交易角度看，工程造价是指以建设工程为交易对象而形成的市场价格，即工程承发包价格。这种工程承发包价格是需求主体（业主）和供给主体（承包单位）共同认可的价格。对业主而言，工程承发包价格是其"购买"建设工程需要支付的费用；对承包单位而言，工程承发包价格是其"出售"建设工程的价格。这种价格是建筑产品交易中现实存在的一种有加价的工程价格，因为其不仅包括承包单位建设一项工程预期或实际支出的总费用，而且包括承包单位需要缴纳的税金和获取的利润等。

2. 工程造价特点

由建设工程特点所决定，工程造价具有以下特点。

（1）大额性

能够发挥投资效用的任何一项建设工程，不仅实物形体庞大，而且造价高昂。超大型工程造价可达几百亿元，甚至千亿元人民币。工程造价的大额性使其关系到有关各方的重大经济利益，同时也会对宏观经济产生重要影响。工程造价的大额性决定了工程计价的特殊地位，也说明了工程造价管理的重要意义。

（2）个别性

任何一项工程都有特定的用途和功能。因此，对每一项工程的结构、造型、空间分割、设备配置和内外装饰都有具体要求，这种工程内容和实物形态的个别性决定了工程造价的个别性。此外，由于每项工程所处地区、地段都不相同，使得工程造价的个别性更加突出。

（3）动态性

任何一项建设工程从投资决策到竣工交付使用，都有一个较长的建设期。在此期间内，会有许多影响工程造价水平的因素，如工程变更，设备材料价格、工资标准及利率、汇率变化等，这些因素必然会影响工程造价水平。由此可见，工程造价在整个建设期内处于变动状态，直至工程竣工决算后才能最终确定工程实际造价。

（4）层次性

建设工程组成的层次性决定了工程造价的层次性。一个工程项目往往会包含多个能够独立发挥效能的单项工程（车间、写字楼等）。一个单项工程又会由能够各自发挥专业效能的多个单位工程（土建工程、电气安装工程等）组成。与此相对应，工程造价至少有三个层次：建设工程总造价、单项工程造价和单位工程造价。如果专业分工更细，单位工程（如土建工程）又可细分为分部工程（如基础工程）、分项工程（如混凝土工程），这样工程造价就可细分为五个层次。

（5）兼容性

工程造价的兼容性首先表现为工程造价的不同含义，其次表现为工程造价构成要素的广泛性和复杂性。在工程造价构成要素中，成本要素非常复杂，除工程本体建造成本外，为获得建设用地支出的费用、进行工程项目可行性研究和规划设计支出的费用、与政府一定时期政策（特别是产业政策和税收政策）相关的费用也占有相当份额。此外，盈利构成也较为复杂。

3. 工程造价相关概念

工程实践中，经常会用到以下概念，这些概念与工程造价密切相关。

（1）静态投资与动态投资

静态投资是指不考虑物价上涨、建设期贷款利息等影响因素的建设投资。静态投资包括：建筑安装工程费、设备和工器具购置费、工程建设其他费、基本预备费，以及因工程量误差而引起的工程造价增减额等。

动态投资是指考虑物价上涨、建设期贷款利息等影响因素的建设投资。动态投资除包括静态投资外，还包括建设期贷款利息、涨价预备费等。相比之下，动态投资更符合市场价格运行机制，使投资估算和控制更加符合实际。

静态投资与动态投资密切相关。动态投资包含静态投资，静态投资是动态投资最主要的组成部分，也是动态投资的计算基础。

（2）建设项目总投资与固定资产投资

建设项目总投资是指为完成工程项目建设，在建设期（预计或实际）投入的全部费用总和。按用途不同，建设项目可分为生产性建设项目和非生产性建设项目。生产性建设项目总投资包括固定资产投资和流动资产投资两部分；非生产性建设项目总投资只包括固定资产投资，不含流动资产投资。建设项目总造价是指项目总投资中的固定资产投资总额。

固定资产投资是投资主体为达到预期收益的资金垫付行为。建设项目固定资产投资也就是建设项目工程造价，二者在量上是等同的。其中，建筑安装工程投资也就是建筑安装工程造价，二者在量上也是等同的。从这里也可以看出工程造价不同含义的同一性。

（3）建筑安装工程造价

从投资角度看，建筑安装工程造价是建设项目投资中的建筑安装工程投资，也是工程造价的组成部分。从市场交易角度看，建筑安装工程实际造价是投资者和承包商双方共同认可的、由市场形成的价格。

1.1.2　工程计价特征

由工程项目特点决定，工程计价具有以下特征。

1. 计价的单件性

建筑产品的单件性特点决定了每项工程都必须单独计算造价。

2. 计价的多次性

工程项目需要按程序进行策划决策和建设实施，工程计价也需要在不同阶段多次进行，以保证工程造价计算的准确性和控制的有效性。多次计价是一个逐步深入和细化、不断接近实际造价的过程。工程多次计价过程如图1-1所示。

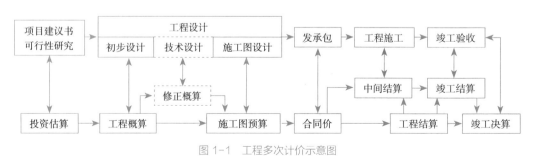

图 1-1　工程多次计价示意图

注：竖向箭头表示对应关系，横向箭头表示多次计价流程及逐步深化过程。

（1）投资估算

投资估算是指在项目建议书和可行性研究阶段通过编制估算文件预先测算的工程造价。投资估算是进行项目决策、筹集资金和合理控制造价的主要依据。

（2）工程概算

工程概算是指在初步设计和技术设计阶段，根据设计意图，通过编制初步设计概算和修正概算文件预先测算的工程造价。与投资估算相比，初步设计概算的准确性有所提高，但受投资估算的控制。修正概算是指在技术设计阶段，根据技术设计要求，通过编制修正概算文件预先测算的工程造价。修正概算是对初步设计概算的修正和调整，比工程概算准确，但受工程概算控制。工程概算一般又可分为：建设项目总概算、各单项工程综合概算、各单位工程概算。

（3）施工图预算

施工图预算是指在施工图设计阶段，根据施工图纸，通过编制预算文件预先测算的工程造价。施工图预算比工程概算或修正概算更为详尽和准确，但同样要受前一阶段工程造价的控制。并非每一个工程项目均要编制施工图预算。目前，多数工程项目在招标时需要确定招标控制价（最高投标限价），以限制最高投标报价。

（4）合同价

合同价是指在工程发承包阶段通过签订合同所确定的价格。合同价属于市场价格，它是由发承包双方根据市场行情通过招投标等方式达成一致、共同认可的成交价格。但应注意：合同价并不等同于最终结算的实际工程造价。由于计价方式不同，合同价的内涵也会有所不同。

（5）工程结算

工程结算包括施工过程中的中间结算和竣工验收阶段的竣工结算。工程结算需要按实际完成合同范围内的合格工程量考虑，同时按合同调价范围和调价方法对实际发生的工程量增减、设备和材料价差等进行调整后确定结算价格。工程结算反映的是工程项目实际造价。工程结算文件一般由承包单位编制，由发包单位审查，也可委托工程造价咨询机构进行审查。

（6）竣工决算

竣工决算是指工程竣工验收后，以实物数量和货币指标为计量单位，综合反映竣工项目从筹建开始到竣工交付使用为止的全部建设费用。竣工决算文件一般是由建设单位编制，上报相关主管部门审查。

3. 计价的组合性

工程计价与建设项目的组合性有关。一个建设项目可按单项工程、单位工程、分部工程、分项工程等不同层次分解为许多有内在联系的组成部分。建设项目的组合性决定了工程计价的逐步组合过程。工程造价的组合过程是：分部分项工程造价→单位工程造价→单项工程造价→建设项目总造价。

4. 计价方法的多样性

工程项目的多次计价有其各不相同的计价依据，每次计价的精确度要求也各不相同，由此决定了计价方法的多样性。例如，投资估算可采用设备系数法、生产能力指数估算法等；概预算可采用单价法和实物法等。不同方法有不同的适用条件，计价时应根据具体情况加以选择。

5. 计价依据的复杂性

工程造价的影响因素较多，决定了工程计价依据的复杂性。计价依据主要可分为以下八类：

（1）设备和工程量计算依据。其包括：工程量计算规则、项目建议书、可行性研究报告、设计文件等。

（2）人工、材料、机械等实物消耗量计算依据。其包括：投资估算指标、概算定额、预算定额等。

（3）工程单价计算依据。其包括：人工单价、材料价格、材料运杂费、机械台班费等。

（4）设备单价计算依据。其包括：设备原价、设备运杂费、进口设备关税等。

（5）措施费、间接费和工程建设其他费用计算依据。其主要是指施工组织设计、措施方案、相关费用定额和指标。

（6）政府部门规定的税费。

（7）物价指数和工程造价指数。

（8）典型工程数据库。

1.2　工程造价管理的组织和内容

1.2.1　工程造价管理及其组织系统

1. 工程造价管理基本内涵

工程造价管理是指综合运用管理学、经济学和工程技术等方面的知识与技能，对工程造价进行预测、计划、控制、核算、分析和评价的过程。工程造价管理既涵盖工程价格管理，也涵盖工程费用管理。

（1）工程价格管理

工程价格管理是指对市场交易行为的监督和约束，以及对交易价格的管理和调控。在社会主义市场经济条件下，工程价格管理可分为两个层次：在宏观层面上，是指政府根据社会经济发展需要，利用法律、经济和行政等手段规范市场主体价格行为，对工程价格进行管理和调控；在微观层面上，是指参与建筑市场交易的各方主体为实现其管理目标而进行的计价、定价和竞价等活动。

（2）工程费用管理

工程费用管理是指在拟定规划及设计方案、招标投标、工程施工直至竣工验收的整个过程中，预测、确定和监控费用的一系列活动。工程费用管理既包括业主方对工程投资费用的管理，也包括承包方对承包工程的实施费用管理。业主方投资费用管理的范围要比承包方费用管理的范围广，前者包括自建设工程策划决策到竣工验收全过程的投资费用管理，而后者只包括承包单位在承包范围内的工程费用管理。

2．工程造价管理组织系统

工程造价管理组织系统是指履行工程造价管理职能的有机群体。为实现工程造价管理目标并开展有效的组织活动，我国设置了多部门、多层次的工程造价管理机构，并规定了各自的管理权限和职责范围。

（1）政府行政管理系统

政府在工程造价管理中既是宏观管理主体，也是政府投资工程的微观管理主体。从宏观管理角度看，政府对工程造价管理有一个严密的组织系统，设置了多层管理机构，规定了管理权限和职责范围。

1）国务院住房城乡建设主管部门造价管理机构。其主要职责是：

①组织制定和实施工程造价管理有关法规、制度；

②组织制定和实施全国统一的工程计价依据和标准；

③制定和实施全国工程造价咨询企业资质标准及资质管理工作；

④制定和监督执行全国造价工程师执业资格标准。

2）国务院其他部门工程造价管理机构。其包括：水利、水电、电力、石油化工、机械、冶金、铁路、煤炭、建材、林业、有色金属、核工业、公路、水运等行业和军队造价管理机构。主要职责是组织制定和实施相应专业工程计价依据和标准，有的还担负本行业大型或重点建设工程概算审批、调整等职责。

3）地方工程造价管理部门。其主要职责是组织制定和实施当地所属工程计价依据和标准及造价管理制度等。

（2）企事业单位管理系统

企事业单位的工程造价管理属微观管理范畴。工程设计单位、造价咨询单位等按照建设单位或委托方意图，在可行性研究和规划设计阶段合理确定和有效控制工程造价，通过限额设计等手段实现设定的造价管理目标；在招标投标阶段编制招标文件、标底或招标控制价，参加评标、合同谈判等工作；在施工阶段通过工程计量与支付、工程变更与索赔管理等控制工程造价。工程设计单位、造价咨询单位等可通过工程造价管理业绩赢得声誉，提高市场竞争力。

工程承包单位的造价管理是企业自身管理的重要内容。工程承包单位设有专门的职能机构参与企业投标决策，并通过市场调查研究，利用过去积累的经验，研究报价策略，提出报价；在施工过程中，进行工程成本动态管理，注意各种调价因素的发生，及时进行工程价款结算，避免收益流失，以促进企业盈利目标的实现。

（3）行业协会管理系统

中国建设工程造价管理协会是经建设部和民政部批准成立、代表我国建设工程造价管理的全国性行业协会，是亚太区测量师协会（PAQS）和国际造价管理联合会（ICEC）等相关国际组织的正式成员。

为了增强对各地工程造价咨询工作和造价工程师的行业管理，近年来，各省、自治区、直辖市先后成立了所属地方工程造价管理协会。全国性造价管理协会与地方造价管理协会是平等、协商、相互支持的关系，地方协会接受全国性协会的业务指导，共同促进全国工程造价行业管理水平的整体提升。

1.2.2　工程造价管理内容及原则

1. 工程造价管理内容

在工程建设全过程的不同阶段，工程造价管理有着不同的工作内容，其目的是在优化建设方案、设计方案、施工方案的基础上，有效控制建设工程实际费用支出。

（1）工程项目策划决策阶段

按照有关规定编制和审核投资估算，经有关部门批准，即可作为拟建工程项目的控制造价；基于不同投资方案进行经济评价，作为工程项目决策的重要依据。

（2）工程设计阶段

在限额设计、优化设计方案的基础上审核工程概算、施工图预算。对于政府投资工程而言，经有关部门批准的工程概算将作为拟建工程项目造价的最高限额。

（3）工程发承包阶段

进行招标策划，审核工程量清单、最高投标限价或标底，确定投标报价及其策略，直至确定承包合同价。

（4）工程施工阶段

进行工程计量及工程款支付管理，实施工程费用动态监控，处理工程变更和索赔。

（5）工程竣工阶段

审核工程结算，处理工程保修费用，进行工程造价审计等。

2. 工程造价管理基本原则

实施有效的工程造价管理，应遵循以下三项原则。

（1）应实施以策划决策和设计阶段为重点的全过程造价管理

工程造价管理贯穿于工程建设全过程，但应注重策划决策和设计阶段的造价管理。工程造价在很大程度上取决于策划决策和设计阶段。国内外实践证明，工程项目策划决策阶段对工程造价的影响程度最高，高达80%~90%。而在工程项目投资决策后，工程设计对工程造价的影响程度可达35%~75%。显然，工程设计是影响和控制工程造价的关键环节。

长期以来，我国往往将控制工程造价的主要精力放在工程发承包、施工及竣工阶段——控制合同价、结算工程价款、控制工程变更和索赔等，对工程项目策划决策和设计阶段的造价控制重视不够。为了从源头有效控制工程造价，应将工程造价管理的重点转到工程项目策划决策和设计阶段的价值管理。

（2）应实施主动控制与被动控制相结合的工程造价管理

长期以来，人们一直把控制理解为实际值与目标值的比较，以及当实际值偏离目标值时，分析其产生偏差的原因，并确定下一步对策。这种立足于调查-分析-决策基础之上的偏离-纠偏-再偏离-再纠偏的控制是一种被动控制，因为这种控制只能发现偏离，不能预防可能发生的偏离。为尽量减少甚至避免实际值与目标值的偏离，应立足于事先的预测分析主动采取控制措施，这就是主动控制。也就是说，工程造价管理不仅要反映投资决策，反映设计、发包和施工，被动地控制工程造价；更要能动地影响投资决策，影响工程设计、发包和施工，主动地控制工程造价。

（3）应实施技术与经济相结合的工程造价管理

要有效地控制工程造价，应从组织、技术、经济等多方面采取措施。从组织上采取措施，包括明确项目组织结构，明确造价控制人员及其任务，明确管理职能分工；从技术上采取措施，包括重视设计多方案选择，严格审查初步设计、技术设计、施工图设计、施工组织设计，深入研究节约投资的可能性；从经济上采取措施，包括动态比较造价的实际值与计划值，严格审核各项费用支出，采取对节约投资的有力奖励措施等。

应该看到，技术与经济相结合是工程造价管理的最有效手段。应通过技术比较、经济分析和效果评价，正确处理技术先进与经济合理之间的对立统一关系，力求在技术先进条件下的经济合理和在经济合理基础上的技术先进，将控制工程造价的观念渗透到各项设计和施工技术措施之中。

1.3 全面造价管理框架体系

1.3.1 全面造价管理及其体系架构

1. 全面造价管理定义

全面造价管理（Total Cost Management，TCM）最初是由曾任国际造价工程促进会（Association for the Advancement of Cost Engineering，AACE）会长的Richard Westney于1991年在西雅图年会上代表协会提出的。所谓全面造价管理，是指"有效运用专业知识和专门技术规划和控制资源、成本、盈利能力和风险"。这是一种在任何企业、项目群、项目、设施、产品或服务全寿命期中都可以使用的管理成本的系统方法。

"全面造价管理"的提出是有其背景的。进入20世纪80年代以来，许多新的管理理论与管理方法被借鉴到造价工程（Cost Engineering）中。为进一步做好造价的系统分析与控制，包括工业、商业、信息业在内的一些行业陆续提出TCM思想。但在当时，TCM主要用来分析和解决社会（系统）总成本优化问题，且以生产过程具有重复性特征的产品为研究对象。对于项目这类具有一次性特点的特殊对象，却没有给予足够重视。与此同时，大多数人对造价管理的理解比较片面，他们认为造价工程师的主要工作就是估算造价（编制概预算）和控制造价，而这是一种技术含量较低的工作，其极大地影响了造价管理人员专业作用的发挥。正是在这种情景下，"全面造价管理"这一概念被AACE提出。Westney认为："全面造价管理是一个更好地描述当今造价管理专业的范畴、多样性和深度的提法，是一个更好地描述不同行业的所有经理实际所需的造价管理的说法。"

2. 全面造价管理体系架构

AACE提出的全面造价管理体系共分为四个过程，即：TCM基本过程（Basic Processes of TCM）、战略资产管理过程（Functional Processes for Strategic Asset Management）、项目控制过程（Functional Processes for Project Control）和TCM保障过程（Enabling Processes for TCM）。全面造价管理体系总体架构如图1-2所示。其中，战略资产管理过程和项目控制过程是全面造价管理（TCM）的核心内容。战略资产管理过程主要侧重于项目投资决策分析阶段的造价管理，项目控制过程主要侧重于项目实施阶段的造价管理，二者均需要遵从PDCA（Plan-Do-Check-Act）循环。

图1-2 全面造价管理体系总体架构

1.3.2　建设工程全面造价管理体系

AACE提出的全面造价管理体系是一个适用于各类项目的通用管理体系。结合建设工程特点，全面造价管理有着丰富内涵。所谓建设工程全面造价管理，是指政府主管部门、行业协会、建设单位、承包单位、设计单位、监理及咨询单位等，在建设工程投资决策、设计、发承包、施工及竣工验收各个阶段，基于建设工程全寿命期管理思想，对建设工程本身的建造成本、质量成本、工期成本、安全成本及环保成本等进行的集成管理。由此可见，建设工程全面造价管理是一个综合性概念，管理主体涉及建设工程管理有关各方，指导思想是基于建设工程全寿命期，纵向管理范围覆盖项目策划决策与建设实施全过程，横向管理范围涉及影响建设工程造价的各要素。

1. 建设工程全面造价管理体系构成

由前所述，建设工程全面造价管理体系包括建设工程全寿命期造价管理、全过程造价管理、全要素造价管理和全方位造价管理四个方面。

（1）全寿命期造价管理

建设工程全寿命期造价是指建设工程初始建造成本和建成后日常使用成本之和，包括策划决策、建设实施、运行维护及拆除回收等各阶段费用。由于建设工程全寿命期较长，且在不同阶段的工程造价存在诸多不确定性，从而使建设工程全寿命期造价管理具有较大难度。因此，全寿命期造价管理主要是作为一种实现建设工程全寿命期造价最小化的指导思想，指导建设工程投资决策及实施方案的选择，最终提升建设工程投资价值。

（2）全过程造价管理

全过程造价管理是指覆盖建设工程策划决策及建设实施各阶段的造价管理，包括：策划决策阶段的项目策划、投资估算、经济评价、融资方案分析；设计阶段的限额设计、方案比选、概预算编制和审查；招标投标阶段的招标策划及实施、最高投标限价或标底编制、投标报价、合同签订；施工阶段的工程计量与结算、工程变更及索赔管理；竣工验收阶段的结算与决算等。

（3）全要素造价管理

建设工程造价与工期、质量、安全及环保等因素密切相关，因此，建设工程造价管理不能仅考虑工程本体建造成本，还应同时考虑控制工期成本、质量成本、安全成本及环保成本，从而实现建设工程造价、工期、质量、安全、环保等要素的集成管理。全要素造价管理的核心是按照优先性原则，协调和平衡工期、质量、安全、环保与造价之间的对立统一关系。

（4）全方位造价管理

建设工程造价管理不只是业主或承包单位的任务，而应是政府主管部门、行业协会、业主、设计单位、承包单位及监理/咨询单位的共同任务。尽管各方的地位、利益、角度等有所不同，但应在政府主管部门及行业协会的监管下，建立完善的协同工作机制，以实现对建设工程造价的有效控制。

　　建设工程全面造价管理体系构成如图1-3所示。

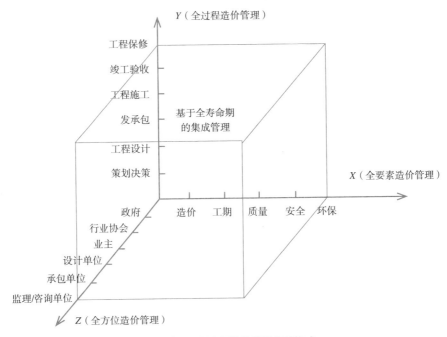

图 1-3　建设工程全面造价管理体系构成

　　由图1-3可知，建设工程全面造价管理是基于全寿命期的全过程、全要素和全方位集成管理。全寿命期管理是最根本的指导思想，渗透于建设工程全过程、全要素、全方位造价管理中，X轴、Y轴、Z轴分别反映了建设工程全面造价管理体系的纵向管理范围（全过程）、横向管理范围（全要素）和管理主体（全方位）。全寿命期、全过程、全要素及全方位造价管理相互渗透、彼此联结，共同构成建设工程全面造价管理体系。

　　建立和实施建设工程全面造价管理体系，充分体现了建设工程造价管理的发展趋势，有利于改变建设工程造价管理的传统观念，优化建设工程资源配置，实现建设工程造价、工期、质量、安全及环保目标的集成化管理，提高建设工程投资效益。

　　2. 建设工程全面造价管理体系中各要素之间的关系

　　建设工程全面造价管理并非建设工程全寿命期、全过程、全要素、全方位造价管理的简单叠加，而是上述四方面内容的有机结合。建设工程全面造价管理体系中各要素之间的关系如图1-4所示。

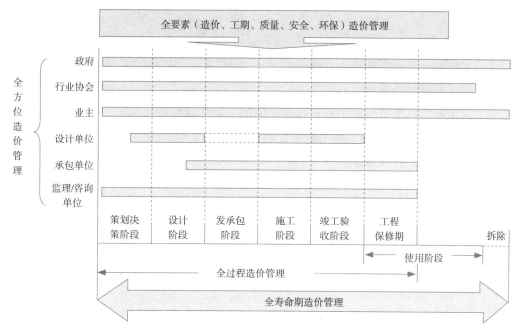

图 1-4　建设工程全面造价管理体系中各要素之间的关系

由图1-4可知，在全寿命期造价管理思想指导下，全过程、全要素、全方位内部各要素之间彼此交融，具体体现为：在工程建设全过程中的各个阶段，各方管理主体综合考虑造价、工期、质量、安全、环保等要素，对工程造价进行集成管理。因此，有必要从工程建设全过程入手，综合考虑建设工程全面造价管理体系中各要素之间的关系。

总而言之，在建设工程全面造价管理体系中，由于职责不同，各方管理主体的纵向管理范围（全过程造价管理）也有所不同，但在横向都是针对全要素造价而展开。值得指出的是，对于工程总承包单位而言，其造价管理范围会延伸至设计阶段乃至投资决策阶段。无论在哪个阶段，政府和行业协会造价管理的主要职责是监管和服务，业主、设计单位、承包单位及监理/咨询单位造价管理的主要职责是分析和论证工程建设方案、确定和控制工程造价。

2003年，我国实施工程量清单计价模式后，工程咨询业形成快速发展态势，特别是2010年全过程工程造价咨询理念在我国得到普遍认同。但是，行业内也深感我国工程造价管理的理论仍存在明显不足。2010年，中国建设工程造价管理协会委托北京交通大学开展了"建设工程全面造价管理"课题研究。课题结合中国的基本建设管理制度，从建设工程全面造价管理模式、制度、组织建设、队伍建设等方面进行了研究。课题研究成果得到中国建设工程造价管理协会和行业的高度认可，认为课题提出的全面工程造价管理理论和方法、管理制度、组织模式等符合我国建设工程造价管理的发展趋势，自此，建设工程全面造价管理体系在我国得以推广与应用。

复习思考题

1. 工程造价的含义和特点有哪些?

2. 静态投资与动态投资有何区别?

3. 建设项目总投资与固定资产投资之间的区别和联系是什么?

4. 何谓工程造价管理? 包括哪些主要内容?

5. 工程造价管理应遵循哪些原则?

6. 全面造价管理(TCM)的含义和体系结构是什么?

7. 建设工程全面造价管理包括哪些要素? 各要素之间有何关系?

2

工程造价管理制度及模式

【学习目标】

    工程造价管理制度及模式是有效实施工程造价管理的前提和基础。学习发达国家和地区的工程造价管理模式，并结合我国工程造价管理改革发展形势，对于深入理解和有效实施工程造价管理具有重要意义。工程造价管理制度及模式相关内容如图2-1所示。

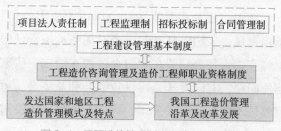

图 2-1　工程造价管理制度及模式相关内容

通过学习本章，应掌握如下内容：

（1）工程建设管理基本制度；

（2）工程造价咨询管理及造价工程师职业资格制度；

（3）发达国家和地区工程造价管理模式及特点；

（4）我国工程造价管理沿革及改革发展。

2.1　工程建设管理基本制度

工程建设领域实行项目法人责任制、工程监理制、招标投标制和合同管理制，这四项制度相互联系、密不可分，共同构成我国工程建设管理基本制度。

2.1.1　项目法人责任制

为了建立投资约束机制，规范工程建设行为，国家要求政府投资的经营性项目实行项目法人责任制，在建设阶段就按现代企业制度组建项目法人，由项目法人对项目的策划、资金筹措、建设实施、生产经营、债务偿还和资产的保值增值实行全过程负责。项目法人责任制的核心是明确由项目法人承担投资风险，项目法人要对工程项目建设及建成后的生产经营实行"一条龙"管理和全面负责。

政府投资的经营性项目需要实行项目法人责任制，政府投资的非经营性项目可实行"代建制"，即通过招标等方式，选择专业化的项目管理单位负责建设实施，严格控制项目投资、质量和工期，待工程竣工验收后再移交给使用单位，从而使项目的"投资、建设、监管、使用"实现分离。

1. 项目法人的设立

对于政府投资的经营性项目而言，项目建议书被批准后，应由项目的投资方派代表组成项目法人筹备组，具体负责项目法人的筹建工作。有关单位在申报项目可行性研究报告时，须同时提出项目法人的组建方案，否则，可行性研究报告将不被审批。在项目可行性研究报告被批准后，正式成立项目法人，确保资本金按时到位，并及时办理公司设立登记。项目公司可以是有限责任公司（包括国有独资公司），也可以是股份有限公司。

（1）有限责任公司

有限责任公司是指由50个以下股东出资，每个股东以其认缴的出资额为限对公司承担责任，公司以其全部资产对债务承担责任的项目法人。

有限责任公司股东会由全体股东组成。股东会是公司的权力机构，依照《公司法》行使职权。有限责任公司设董事会和监事会。董事会对股东会负责，股东人数较少或者规模较小的有限责任公司，可以设监事，不设监事会。

（2）国有独资公司

国有独资公司是指国家单独出资、由国务院或者地方人民政府授权本级人民政府国有资产监督管理机构履行出资人职责的有限责任公司。国有独资公司不设股东会，由国有资产监督管理机构行使股东会职权。国有资产监督管理机构可以授权公司董事会行使股东会的部分职权，决定公司的重大事项。但公司的合并、分立、解散、增减注册资本和发行公司债券，必须由国有资产监督管理机构决定。国有独资公司的监事会成员由国有资产监督管理机构委派。

（3）股份有限公司

股份有限公司是指全部资本由等额股份构成，股东以其所持股份为限对公司承担责任，公司以其全部资产对债务承担责任的项目法人。股份有限公司的设立，可以采取发起设立或者募集设立方式，应当有2人以上200人以下的发起人。

股份有限公司股东大会由全体股东组成。股东大会是公司的权力机构，依照《公司法》行使职权。股份有限公司设董事会、监事会，其职权与有限责任公司的职权相同。

2. 实行项目法人责任制的优越性

实行建设项目法人责任制可以使政企分开，将项目投资所有权与经营权分离，具有下列优越性。

（1）有利于实现项目决策的科学化和民主化

实行建设项目法人责任制，项目法人要承担决策风险。为了避免盲目决策和随意决策，项目法人可采用多种形式组织技术、经济、管理等方面的专家进行充分论证，提供若干可供选择的方案进行优选。

（2）有利于拓宽项目融资渠道

工程建设资金需用量大，单靠政府投资难以满足大规模工程建设需求。通过设立项目法人，可以采用多种方式向社会多渠道融资，同时还可以吸引外资，从而可以在短期内实现资本集中，引导其投向工程项目建设。

（3）有利于分散投资风险

实行建设项目法人责任制，可以更好地实现投资主体多元化，使所有投资者利益共享、风险共担。而且通过公司内部逐级授权，项目建设和经营必须向公司董事会和股东会负责，置于董事会、监事会和股东会的监督之下，使投资责任和风险可以得到更好、更具体地落实。

（4）有利于避免建设与运营相互脱节

实行项目法人责任制，项目法人不但负责建设，而且还负责建成后的经营与还贷，对项目建设与建成后的生产经营实行"一条龙"管理和全面负责，这样就将建设责任和经营责任密切结合起来，从而可以较好地克服传统模式下"建设管花钱、生产管还贷"、建设与生产经营相互脱节的弊端，有效地落实投资责任。

（5）有利于促进工程监理、招标投标及合同管理等制度的健康发展

实行项目法人责任制，明确由项目法人承担投资风险，因而强化了项目法人及各投资方的自我约束意识。同时，受投资责任约束，项目法人大都会积极主动地通过招标优选设计单位、施工单位和监理单位，并进行严格的合同管理。同时，还可逐步培养工程建设管理专业化队伍，不断提高我国工程建设管理水平。

2.1.2 工程监理制

1. 工程监理概念

工程监理是指具有相应资质的工程监理单位受建设单位委托，依照法律法规、工程建设标准、勘察设计文件及合同，在施工阶段对建设工程质量、造价、进度进行控制，对合同、信息进行管理，对工程建设相关方关系进行协调，并履行建设工程安全生产管理法定职责的服务活动。也就是通常所说的"三控两管一协调"加"履行建设工程安全生产管理法定职责"。

工程监理的行为主体是工程监理单位，既不同于政府主管部门的监督管理，也不同于总承包单位对分包单位的监督管理。工程监理的实施需要建设单位的委托和授权，只有在建设单位委托的前提下，工程监理单位才能根据有关工程建设法律法规、工程建设标准、勘察设计文件及合同实施监理。

根据《建设工程质量管理条例》，下列工程必须实行监理：①国家重点建设工程；②大中型公用事业工程；③成片开发建设的住宅小区工程；④利用外国政府或者国际组织贷款、援助资金的工程；⑤国家规定必须实行监理的其他工程。

2. 工程监理工作内容

工程监理单位派出项目监理机构，通过合同管理、信息管理和组织协调等手段，控制建设工程质量、造价和进度目标，并履行建设工程安全生产管理的法定职责。其中，对于工程造价控制的主要工作内容如下：

（1）根据工程特点、施工合同、工程设计文件及经过批准的施工组织设计对工程进行风险分析，制定工程造价目标控制方案，提出防范性对策。

（2）编制施工阶段资金使用计划，并按规定的程序和方法进行工程计量、签发工程款支付证书。

（3）审查施工单位提交的工程变更申请，力求减少变更费用。

（4）及时掌握工程调价动态，合理调整合同价款。

（5）及时收集、整理工程施工和监理有关资料，协调处理费用索赔事件。

（6）及时统计实际完成工程量，进行实际投资与计划投资的动态比较，并定期向建设单位报告工程投资动态情况。

（7）审核施工单位提交的竣工结算书，签发竣工结算款支付证书。

工程监理单位也可受建设单位委托，在工程勘察、设计、发承包、保修等阶段为

建设单位提供工程造价控制相关服务。

2.1.3 招标投标制

1. 招标投标概念

工程建设领域的招标投标，通常是指由工程、货物或服务采购方（招标方）通过发布招标公告或投标邀请向承包商、供应商提供招标采购信息，提出所需采购项目的性质及数量、质量、技术要求，交货期、竣工期或提供服务的时间，以及对承包商、供应商的资格要求等招标采购条件，由有意提供采购所需工程、货物或服务的承包商、供应商作为投标方，通过书面提出报价及其他响应招标要求的条件参与投标竞争，最终经招标方审查比较、择优选定中标者，并与其签订合同的过程。

招标投标是建设工程交易过程的两个方面，招标是招标方（建设单位）在招标投标过程中的行为，投标则是投标方（承包商、供应商）在招标投标过程中的行为。在正常情况下，招标投标的最终行为结果是签订合同，从而在招标方与投标方之间产生合同关系。

《招标投标法》规定，下列工程项目的勘察、设计、施工、监理以及与工程建设有关的重要设备、材料等的采购，必须进行招标：①大型基础设施、公用事业等关系社会公共利益、公众安全的项目；②全部或者部分使用国有资金投资或者国家融资的项目；③使用国际组织或者外国政府贷款、援助资金的项目。

2. 招标方式

根据《招标投标法》，招标方式有两种，即：公开招标和邀请招标。

（1）公开招标

公开招标又称无限竞争性招标，是指招标单位以招标公告的方式邀请非特定法人或者其他组织投标。即招标单位按照法定程序，在国内外公开出版的报刊或通过广播、电视、网络等公共媒体发布招标公告，凡有兴趣并符合招标公告要求的承包单位、供应单位，不受地域、行业和数量的限制均可以申请投标，资格审查合格后，按规定时间参加投标竞争。

公开招标方式的优点是，招标单位可以在较广的范围内选择承包单位或供应单位，投标竞争激烈，择优率更高，有利于招标单位将工程项目交予可靠的承包单位或供应单位实施，并获得有竞争性的商业报价，同时，也可以在较大程度上避免招标活动中的贿标行为。但其缺点是，准备招标、对投标申请者进行资格预审和评标的工作量大，招标时间长、费用高。此外，参加竞争的投标者越多，每个参加者中标的机会越小、风险越大、损失的费用也就越多，而这种费用的损失必然反映在标价上，最终会由招标单位承担。

（2）邀请招标

邀请招标也称有限竞争性招标，是指招标单位以投标邀请书的形式邀请特定的法人或者其他组织投标。招标单位向预先确定的若干家承包单位、供应单位发出投标邀请函，并就招标工程的内容、工作范围和实施条件等作出简要说明。被邀请单位同意参加投标后，从招标单位获取招标文件，并在规定时间内投标报价。

采用邀请招标方式时，邀请对象应以5~10家为宜，至少不应少于3家，否则就失去了竞争意义。与公开招标相比，其优点是不发招标公告、不进行资格预审，可简化招标程序、节约招标费用、缩短招标时间。而且，由于招标单位对投标单位以往的业绩和履约能力比较了解，可减少合同履行过程中承包单位、供应单位违约的风险。邀请招标虽然不履行资格预审程序，但为了体现公平竞争和便于招标单位对各投标单位的综合能力进行比较，仍要求投标单位按招标文件的有关要求，在投标书中报送有关资质资料，在评标时以资格后审的形式作为评审的内容之一。

邀请招标的缺点是，由于投标竞争的激烈程度较差，有可能提高中标的合同价；也有可能排除某些在技术上或报价上有竞争力的承包单位、供应单位参与投标。与公开招标相比，邀请招标耗时短、花费少，对于采购标的较小的招标来说，采用邀请招标比较有利。此外，有些工程项目专业性强，有资格承接的潜在投标人较少，或者需要在短时间内完成投标任务等，也不宜采用公开招标方式，而应采用邀请招标方式。

2.1.4　合同管理制

工程建设是一个极为复杂的社会生产过程，由于现代社会化大生产和专业化分工，许多单位会参与到工程建设中，而各类合同则是维系各参与单位之间关系的纽带。

《合同法》明确了合同的订立、效力、履行、变更与转让、终止、违约责任等有关内容以及包括建设工程合同、委托合同在内的十五类合同，为合同管理制的实施提供了重要法律依据。

1. 建设工程合同与委托合同

（1）建设工程合同

根据《合同法》，建设工程合同是承包单位进行工程建设，发包单位支付价款的合同。建设工程合同包括工程勘察、设计、施工合同。建设工程合同应当采用书面形式。发包单位可以与总承包单位订立建设工程合同，也可以分别与勘察单位、设计单位、施工单位订立勘察、设计、施工承包合同。

总承包单位或者勘察、设计、施工承包单位经发包单位同意，可以将自己承包的部分工作交由第三人完成。第三人就其完成的工作成果与总承包单位或者勘察、设计、施工承包单位向发包单位承担连带责任。承包单位不得将其承包的全部建设工程转包给第三人或者将其承包的全部建设工程肢解以后以分包的名义分别转包给第三人。

（2）委托合同

根据《合同法》，委托合同是委托人和受托人约定，由受托人处理委托人事务的合同。建设工程实行监理的，发包单位应当与监理单位采用书面形式订立委托监理合同。

2. 工程项目合同体系

在工程项目合同体系中，建设单位和施工单位是两个最主要的节点。

（1）建设单位主要合同关系

为实现工程项目总目标，建设单位可通过签订合同将工程项目有关活动委托给相应的专业承包单位或服务机构，相应的合同有：工程承包（总承包、施工承包）合同、工程勘察合同、工程设计合同、设备和材料采购合同、工程咨询（可行性研究、技术咨询、造价咨询）合同、工程监理合同、工程项目管理服务合同、工程保险合同、贷款合同等。

1）工程承包合同。建设单位采用的承发包模式不同，决定了不同类别的工程承包合同。常见的工程承包合同主要有：

①工程总承包合同。工程总承包合同是指建设单位将工程设计、材料和设备采购、施工任务全部发包给一家承包单位的合同。代表性工程总承包合同有DB/EPC（Design-Build/ Engineering-Procurement-Construction）承包合同。

②工程施工合同。工程施工合同是指建设单位将工程施工任务发包给一家或多家承包单位的合同。

2）工程勘察设计合同。工程勘察设计合同是指建设单位与工程勘察设计单位签订的合同。

3）材料、设备采购合同。对于建设单位负责供应的材料、设备，建设单位需要与材料、设备供应单位签订采购合同。

4）工程咨询/监理或项目管理合同。建设单位委托相关单位进行工程项目可行性研究、技术咨询、造价咨询、招标代理、项目管理、工程监理等，需要与相关单位签订工程咨询/监理或项目管理合同。

5）贷款合同。贷款合同是指建设单位与金融机构签订的合同。

6）其他合同。如建设单位与保险公司签订的工程保险合同等。

建设单位主要合同关系如图2-2所示。

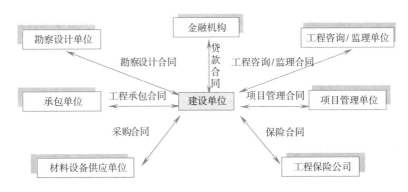

图2-2　建设单位主要合同关系

（2）施工单位主要合同关系

施工单位作为工程承包合同的履行者，也可通过签订合同将工程承包合同中所确定的工程设计、施工、设备材料采购等部分任务委托给其他相关单位来完成，相应的合同有：工程分包合同、设备和材料采购合同、运输合同、加工合同、租赁合同、劳务分包合同、保险合同等。

1）工程分包合同。工程分包合同是指施工单位为将工程承包合同中某些专业工程施工交由另一承包单位（分包单位）完成而与其签订的合同。分包单位仅对施工单位负责，与建设单位没有合同关系。

2）材料、设备采购合同。施工单位为获得工程所必需的材料、设备，需要与材料、设备供应单位签订采购合同。

3）运输合同。运输合同是指施工单位为解决所采购材料、设备的运输问题而与运输单位签订的合同。

4）加工合同。施工单位将建筑构配件、特殊构件的加工任务委托给加工单位时，需要与其签订加工合同。

5）租赁合同。施工单位在工程施工中所使用的机具、设备等从租赁单位获得时，需要与租赁单位签订租赁合同。

6）劳务分包合同。劳务分包合同是指施工单位与劳务供应单位签订的合同。

7）保险合同。施工单位按照法律法规及工程承包合同要求进行投保时，需要与保险公司签订保险合同。

施工单位主要合同关系如图2-3所示。

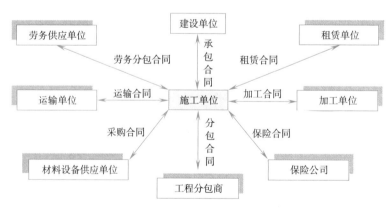

图2-3 施工单位主要合同关系

3. 合同管理

合同管理主要是指对各类合同的依法订立过程和履行过程的管理，包括合同文本的选择，合同条件的协商、谈判，合同书的签署；合同履行、检查，合同变更和违约、纠纷的处理；总结评价等。

由于建设单位和参建单位在合同关系中所处的地位、责任、利益不同，各自对于合同管理的视点和着力点不尽相同。业主方合同管理服务于项目总目标控制，视点在于合同结构的策划，以便通过科学合理的合同结构，理顺项目内部管理关系，避免产生相互矛盾、脱节和混乱失控的项目组织管理状态。业主方合同管理的着力点在于支付条件、质量目标和进度目标。施工单位合同管理的视点在于工程价款及支付条件、质量标准及验收办法，不可抗力造成损害的承担原则、第三者损害的承担原则，设计变更、施工条件变更及工程中止损失的补偿原则。施工单位合同管理的着力点在于施工索赔。

2.2 工程造价咨询管理及造价工程师职业资格制度

2.2.1 工程造价咨询管理制度

1. 企业资质管理

工程造价咨询企业是指接受委托，对建设工程造价的确定与控制提供专业咨询服务的企业。工程造价咨询企业可以为政府部门、建设单位、施工单位、设计单位提供相关专业技术服务，这种以造价咨询业务为核心的服务可以是单项或分阶段的，也可覆盖工程建设全过程。

（1）企业资质许可

工程造价咨询企业资质分为甲级、乙级两个等级。不同等级企业有不同的资质标准。对于准予资质许可的造价咨询企业，可获得工程造价咨询企业资质证书。企业资质有效期为3年。资质有效期届满，需要继续从事工程造价咨询活动的，应当在规定时间内向资质许可机关提出资质延续申请。准予延续的，资质有效期延续3年。

（2）企业资质撤销和注销

企业违规获得资质的，资质许可机关或者其上级机关可以撤销其工程造价咨询企业资质。工程造价咨询企业有注销资质情形的，资质许可机关应依法注销工程造价咨询企业资质。

2. 咨询业务承接

工程造价咨询企业应在其资质等级许可的范围内从事工程造价咨询活动，遵循"独立、客观、公正、诚信"原则，不得损害社会公共利益和他人的合法权益。工程造价咨询企业依法从事工程造价咨询活动，不受行政区域限制。

（1）业务范围

工程造价咨询业务范围包括：

1）项目建议书及可行性研究投资估算、项目经济评价报告的编制和审核；

2）建设工程概预算编制与审核，并配合设计方案比选、优化设计、限额设计等工作进行工程造价分析与控制；

3）建设工程合同价款的确定（包括工程量清单和标底、投标报价的编制和审核）；

合同签订及履行中工程价款的确定与调整（包括工程变更和索赔费用的计算）及工程款支付，工程结算、竣工结算和决算报告的编制与审核等；

4）工程造价经济纠纷的鉴定和仲裁咨询；

5）提供工程造价信息服务等。

此外，工程造价咨询企业还可对建设工程实施组织进行全过程或者若干阶段的管理和服务。

（2）咨询合同及其履行

工程造价咨询企业在承接工程造价咨询业务时，可参照《建设工程造价咨询合同（示范文本）》（GF-2015-0212）与委托人签订书面合同。

《建设工程造价咨询合同（示范文本）》由三部分组成，即：协议书、通用条件和专用条件。协议书主要用来明确合同当事人和约定合同当事人的基本权利义务。通用条件包括下列内容：

1）词语定义、语言、解释顺序与适用法律；

2）委托人义务；

3）咨询人义务；

4）违约责任；

5）支付；

6）合同变更、解除与终止；

7）争议解决；

8）其他。

专用条件是对通用条件原则性约定的细化、完善、补充或修改。合同当事人可通过协商、谈判确定专用条件。

工程造价咨询企业从事工程造价咨询业务，应按照相关合同或约定出具工程造价成果文件。工程造价成果文件应由工程造价咨询企业加盖有企业名称、资质等级及证书编号的执业印章，并由执行咨询业务的注册造价工程师签字、加盖个人执业印章。

2.2.2　造价工程师职业资格制度

为了加强建设工程造价管理专业人员的执业准入管理，确保建设工程造价管理工作质量，维护国家和社会公共利益，原国家人事部、建设部于1996年联合发布了《造价工程师执业资格制度暂行规定》，确立了造价工程师职业资格制度。凡从事工程建设活动的建设、设计、施工、工程造价咨询、工程造价管理等单位和部门，必须在计价、评估、审查（核）、控制及管理等岗位配备有造价工程师职业资格的专业技术管理人员。

《注册造价工程师管理办法》《造价工程师继续教育实施办法》《造价工程师职业道德行为准则》等文件的陆续颁布与实施，确立了我国造价工程师职业资格制度体系框架（如图2-4所示）。

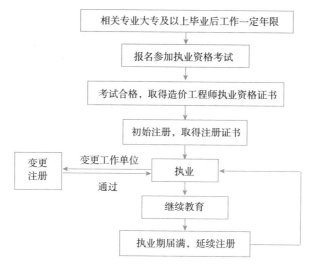

图 2-4　造价工程师职业资格制度简图

1. 执业资格考试

一级造价工程师执业资格考试全国统一大纲、统一命题、统一组织。从1997年试点考试至今，每年均举行一次全国造价工程师执业资格考试（除1999年停考外）。自2018年起设立二级造价工程师。二级造价工程师执业资格考试全国统一大纲，各省、自治区、直辖市自主命题并组织实施。

（1）报考条件

1）一级造价工程师报考条件。凡遵守中华人民共和国宪法、法律、法规，具有良好的业务素质和道德品行，具备下列条件之一者，可以申请参加一级造价工程师执业资格考试：

①具有工程造价专业大学专科（或高等职业教育）学历，从事工程造价业务工作满5年；具有土木建筑、水利、装备制造、交通运输、电子信息、财经商贸大类大学专科（或高等职业教育）学历，从事工程造价业务工作满6年；

②具有通过工程教育专业评估（认证）的工程管理、工程造价专业大学本科学历或学位，从事工程造价业务工作满4年；具有工学、管理学、经济学门类大学本科学历或学位，从事工程造价业务工作满5年；

③具有工学、管理学、经济学门类硕士学位或者第二学士学位，从事工程造价业务工作满3年；

④具有工学、管理学、经济学门类博士学位，从事工程造价业务工作满1年；

⑤具有其他专业相应学历或者学位的人员，从事工程造价业务工作年限相应增加1年。

2）二级造价工程师报考条件。凡遵守中华人民共和国宪法、法律、法规，具有良好的业务素质和道德品行，具备下列条件之一者，可以申请参加二级造价工程师执业资格考试：

①具有工程造价专业大学专科（或高等职业教育）学历，从事工程造价业务工作满2年；具有土木建筑、水利、装备制造、交通运输、电子信息、财经商贸大类大学专科（或高等职业教育）学历，从事工程造价业务工作满3年；

②具有工程管理、工程造价专业大学本科及以上学历或学位，从事工程造价业务工作满1年；具有工学、管理学、经济学门类大学本科及以上学历或学位，从事工程造价业务工作满2年；

③具有其他专业相应学历或者学位的人员，从事工程造价业务工作年限相应增加1年。

（2）考试科目

造价工程师执业资格考试设基础科目和专业科目。

1）一级造价工程师执业资格考试设4个科目，包括："建设工程造价管理""建设工程计价""建设工程技术与计量"和"建设工程造价案例分析"。其中，"建设工程造价管理"和"建设工程计价"为基础科目，"建设工程技术与计量"和"建设工程造价案例分析"为专业科目。

2）二级造价工程师执业资格考试设2个科目，包括："建设工程造价管理基础知识"和"建设工程计量与计价实务"。其中，"建设工程造价管理基础知识"为基础科目，"建设工程计量与计价实务"为专业科目。

造价工程师执业资格考试专业科目分为4个专业类别，即：土木建筑工程、交通运输工程、水利工程和安装工程，考生在报名时可根据实际工作需要选择其一。

（3）执业资格证书

一级造价工程师执业资格考试合格者，由各省、自治区、直辖市人力资源社会保障行政主管部门颁发中华人民共和国一级造价工程师执业资格证书，该证书在全国范围内有效。

二级造价工程师执业资格考试合格者，由各省、自治区、直辖市人力资源社会保障行政主管部门颁发中华人民共和国二级造价工程师执业资格证书，该证书原则上在所在行政区域内有效。

2. 注册

国家对造价工程师执业资格实行执业注册管理制度。取得造价工程师执业资格证书且从事工程造价相关工作的人员，经注册方可以造价工程师名义执业。

住房和城乡建设部、交通运输部、水利部分别负责一级造价工程师注册及相关工作。各省、自治区、直辖市住房城乡建设、交通运输、水利行政主管部门按专业类别分别负责二级造价工程师注册及相关工作。

经批准注册的申请人，由住房和城乡建设部、交通运输部、水利部核发《中华人民共和国一级造价工程师注册证》（或电子证书）；或由各省、自治区、直辖市住房城乡建设、交通运输、水利行政主管部门核发《中华人民共和国二级造价工程师注册证》（或电子证书）。

造价工程师执业时应持注册证书和执业印章。注册证书、执业印章样式以及注册证书编号规则由住房和城乡建设部会同交通运输部、水利部统一制定。执业印章由注册造价工程师按照统一规定自行制作。

3. 执业

造价工程师在工作中必须遵纪守法，恪守职业道德和从业规范，诚信执业，主动接受有关主管部门的监督检查，加强行业自律。造价工程师不得同时受聘于两个或两个以上单位执业，不得允许他人以本人名义执业，严禁"证书挂靠"。出租出借注册证书的，依据相关法律法规进行处罚；构成犯罪的，依法追究刑事责任。

（1）一级造价工程师执业范围

一级造价工程师执业范围包括工程建设全过程造价管理与咨询等，具体工作内容有：

1）项目建议书、可行性研究投资估算与审核，项目评价中的造价分析；

2）建设工程设计概算、施工图预算编制和审核；

3）建设工程招标投标文件中工程量和造价的编制与审核；

4）建设工程合同价款、结算价款、竣工决算价款的编制与管理；

5）建设工程审计、仲裁、诉讼、保险中的造价鉴定，工程造价纠纷调解；

6）建设工程计价依据、造价指标的编制与管理；

7）与工程造价管理有关的其他事项。

（2）二级造价工程师执业范围

二级造价工程师主要协助一级造价工程师开展相关工作，可独立开展以下具体工作：

1）建设工程工料分析、计划、组织与成本管理，施工图预算、设计概算编制；

2）建设工程量清单、最高投标限价、投标报价编制；

3）建设工程合同价款、结算价款和竣工决算价款的编制。

造价工程师应在本人工程造价咨询成果文件上签章，并承担相应责任。工程造价咨询成果文件应由一级造价工程师审核并加盖执业印章。

2.3　发达国家和地区工程造价管理模式及特点

2.3.1　发达国家和地区工程造价管理模式

当今，国际工程造价管理有这几种主要模式，主要包括：英国模式、美国模式、日本模式，以及继承了英国模式，又结合自身特点而形成独特工程造价管理模式的国家和地区，如新加坡、马来西亚及我国香港地区。

1. 英国工程造价管理

英国是世界上最早出现工程造价咨询行业并成立相关行业协会的国家。英国的工程造价管理至今已有近400年的历史。在世界近代工程造价管理发展史上，作为早期世界强国的英国，由于其工程造价管理发展较早，且其联邦成员国和地区分布较广，时至今日，其工程造价管理模式在世界范围内仍具有较强的影响力。

英国工程造价咨询公司在英国被称为工料测量师行，成立的条件必须符合政府或相关行业协会的有关规定。目前，英国的行业协会负责管理工程造价专业人士、编制工程造价计量标准，发布相关造价信息及造价指标。

在英国，政府投资工程和私人投资工程分别采用不同的工程造价管理方法，但这些工程项目通常都需要聘请专业造价咨询公司进行业务合作。其中，政府投资工程是由政府有关部门负责管理，包括计划、采购、建设咨询、实施和维护，对从项目立项到竣工各个环节的工程造价控制都较为严格，遵循政府统一发布的价格指数，通过市场竞争，形成工程造价。目前，英国政府投资工程约占整个国家公共投资50%，在工程造价业务方面要求必须委托相应的工程造价咨询机构进行管理。英国建设主管部门的工作重点则是制定有关政策和法律，以全面规范工程造价咨询行为。

对于私人投资工程，政府通过相关法律法规对投资和建设活动进行一定的规范和引导，只要在国家法律允许的范围内，政府一般不予干预。此外，社会上还有许多政府所属代理机构及社会团体组织，如英国皇家特许测量师学会（RICS）等协助政府部门进行行业管理，主要对咨询单位进行业务指导和管理从业人员。英国工程造价咨询行业的制度、规定和规范体系都较为完善。

英国工料测量师行经营的内容较为广泛，涉及建设工程全寿命期各个阶段，主要包括：项目策划咨询，可行性研究，成本计划和控制，市场行情变化趋势预测；招标投标活动及施工合同管理；建筑采购，招标文件编制；投标书分析与评价，标后谈判，合同文件准备；工程施工阶段成本控制，财务报表，洽商变更；竣工工程估价、决算，合同索赔保护；成本重新估计；对承包商破产或被并购后的应对措施；应急合同财务管理，后期物业管理等。

2. 美国工程造价管理

美国拥有世界最为发达的市场经济体系。美国工程造价管理是建立在高度发达的自由竞争市场经济基础之上的。

美国的建设工程也主要分为政府投资和私人投资两大类，其中，私人投资工程可占到整个建筑业投资总额的60%~70%。美国联邦政府没有主管建筑业的政府部门，因而也没有主管工程造价咨询业的专门政府部门，工程造价咨询业完全由行业协会管理。工程造价咨询业涉及多个行业协会，如美国土木工程师协会、总承包商协会、建筑标准协会、工程咨询业协会、国际造价管理联合会等。

美国工程造价管理具有以下特征。

（1）完全市场化的工程造价管理模式

在没有全国统一的工程量计算规则和计价依据的情况下，一方面由各级政府部门制定各自管辖的政府投资工程相应的计价标准；另一方面，承包商需根据自身积累的经验进行报价。同时，工程造价咨询公司依据自身积累的造价数据和市场信息，协助业主和承包商对工程项目提供全过程、全方位的管理与服务。

（2）具有较完备的法律及信誉保障体系

美国工程造价管理是建立在相关的法律制度基础上的。建筑行业对合同管理十分严格，合同对当事人各方都具有严格的制约，即业主、承包商、分包商、提供咨询服务的第三方之间，都必须严格按合同履行相应的权利和义务。同时，美国工程造价咨询企业自身具有较为完备的合同管理体系和完善的企业信誉管理平台。各个企业视自身的业绩和荣誉为企业长期发展的重要条件。

（3）具有较成熟的社会化管理体系

美国的工程造价咨询业主要依靠政府和行业协会的共同管理与监督，实行"小政府、大社会"的行业管理模式。美国的相关政府管理机构对整个行业的发展进行宏观调控，更多的具体管理工作主要依靠行业协会，由行业协会更多地承担对专业人员和法人团体的监督和管理职能。

（4）拥有现代化管理手段

当今的工程造价管理均需采用先进的信息技术。在美国，信息技术的广泛应用不但大大提高了工程项目参与各方之间的沟通、文件传递等的工作效率，也可及时、准确地提供市场信息，同时还使工程造价咨询公司收集、整理和分析各种复杂、繁多的工程项目数据成为可能。

3. 日本工程造价管理

在日本，工程积算制度是日本工程造价管理所采用的主要模式。工程造价咨询行业由日本政府建设主管部门和日本建筑积算协会统一进行业务管理和行业指导。其中，政府建设主管部门负责制定、发布工程造价政策、相关法律法规、管理办法，对工程造价咨询业的发展进行宏观调控。

日本建筑积算协会作为全国工程咨询的主要行业协会，其主要的服务范围是：推进工程造价管理研究；工程量计算标准编制，建筑成本等相关信息的收集、整理与发布；专业人员的业务培训及个人执业资格准入制度的制定与具体执行等。

工程造价咨询公司在日本被称为工程积算所，主要由建筑积算师组成。日本的工程积算所一般为委托方提供以工程造价管理为核心的全方位、全过程的工程咨询服务，其主要业务范围包括：工程项目可行性研究、投资估算、工程量计算、单价调查、工程造价细算、标底价编制与审核、招标代理、合同谈判、变更成本积算、工程造价后期控制与评估等。

4. 我国香港地区工程造价管理

我国香港工程造价管理沿袭英国做法，但在管理主体、具体计量规则制定、工料测量事务所和专业人士的执业范围和深度等方面，都根据自身特点进行了适当调整，使之更适合我国香港地区工程造价管理的实际需要。

在我国香港，专业保险在工程造价管理中得到较好应用。一般情况下，由于工料测量事务所受雇于业主，在收取一定比例咨询服务费的同时，要对工程造价控制负有较大责任。因此，工料测量事务所在接受委托（特别是控制工期较长、难度较大的工程项目造价）时，都需购买专业保险，以防工作失误时因对业主进行赔偿后而破产。可以说，工程保险的引入，一方面加强了工料测量事务所防范风险和抵抗风险的能力，也为我国香港工程造价业务向国际市场开拓提供了有力保障。

从20世纪60年代开始，我国香港的工料测量事务所已发展为可对工程建设全过程进行成本控制并影响建筑设计事务所和承包商的专业服务公司，其在工程建设过程中扮演着越来越重要的角色。政府对工料测量事务所合伙人有严格要求，要求公司合伙人必须具有较高的专业知识和技能，并获得相关专业学会颁发的注册测量师执业资格，否则，领不到公司营业执照，无法开业经营。我国香港工料测量师以自己的实力、专业知识、服务质量在社会上赢得声誉，以公正、中立的身份从事各种服务。

我国香港地区的专业学会是众多测量师事务所、专业人士之间相互联系和沟通的纽带。这种学会在保护行业利益和推行政府决策方面起着重要作用，同时，学会与政府之间也保持着密切联系。学会内部互相监督、互相协调、互通资讯，强调职业道德和经营作风。学会对工程造价起着指导和间接管理的作用，甚至也充当工程造价纠纷仲裁机构，当承发包双方不能相互协调或对工料测量事务所的计价有异议时，可以向学会提出仲裁申请。

2.3.2　发达国家和地区工程造价管理特点

分析发达国家和地区的工程造价管理，其特点主要体现在以下几方面。

1. 政府的间接调控

发达国家一般按投资来源不同，将投资项目划分为政府投资工程和私人投资工程。政府对不同类别的工程实行不同力度和深度的管理，重点是控制政府投资工程。

英国对政府投资工程采取集中管理的办法，按政府的有关面积标准、造价指标，在核定的投资范围内进行方案设计、施工设计，实施目标控制，不得突破。如遇非正常因素，宁可在保证使用功能的前提下降低标准，也要将造价控制在额度范围内。美国对政府投资工程则采用两种方式，一是由政府设专门机构对工程进行直接管理，美国各地方政府都设有相应的管理机构，如纽约市政府的综合开发部（DGS）、华盛顿政府的综合开发局（GSA）等都是代表各级政府专门负责管理建设工程的机构；二是通过公开招标委托承包商进行管理，美国法律规定，所有的政府投资工程都要进行公开招标，特定情况下（涉及国防、军事机密等）可采用邀请招标或议标方式。但对项目的审批权限、技术标准（规范）、价格、指数都需明确规定，确保项目资金不突破审批的金额。

发达国家对私人投资工程只进行政策引导和信息指导，而不干预其具体实施过程，体现政府对造价的宏观管理和间接调控。如美国政府有一套完整的项目或产品目录，明确规定私人投资者的投资领域，并采取经济杠杆，通过价格、税收、利率、信息指导、城市规划等来引导和约束私人投资方向和区域分布。政府通过定期发布信息资料，使私人投资者了解市场状况，尽可能使投资项目符合经济发展需要。

2. 有章可循的计价依据

项目划分、费用标准、工程量计算规则、经验数据等是发达国家和地区计算和控制工程造价的主要依据。如美国联邦政府和地方政府没有统一的工程计价依据和标准，一般根据积累的工程造价资料，并参考各工程咨询公司的有关造价资料，对各自管辖的政府投资工程制定相应的计价标准，作为工程费用估算的依据。通过定期发布工程造价指南进行宏观调控与干预。有关工程量计算规则、造价指标、费用标准等，一般是由各专业协会、大型工程咨询公司制定。各地工程咨询机构根据本地区具体特点，制定单位建筑面积的消耗量和基价，作为所管辖项目造价估算的标准。

英国工程量测算方法和标准都是由专业学会或协会负责制定。多年来，由英国皇家特许测量师学会（RICS）组织制定的《建筑工程工程量计算规则》（SMM），是参与工程建设各方共同遵守的计量、计价准则，在英国及英联邦国家被广泛应用与借鉴。此外，英国土木工程学会（ICE）还编制有适用于大型或复杂工程项目的《土木工程工程量计算规则》（CESMM）。英国政府投资工程从确定投资和控制工程建设规模及计价的需要出发，各部门均需制定经财政部门认可的各种建设标准和造价指数，这些标准和指数均作为各部门向国家申报投资、控制规划设计、确定工程建设规模和投资的基础，也是审批立项、确定建设规模和造价限额的依据。英国十分重视已完工程数据资料的积累和数据库建设。每个皇家特许测量师学会会员都有责任和义务将自己经办的已完工程数据资料，按照规定的格式认真填报，收入学会数据库，同时也可以取得利用数据库资料的权利。计算机实行全国联网，所有会员资料共享，这不仅为测算各类工程的造价指数提供基础，同时也为分析暂时没有设计图纸及资料的工程造价数据提供了参考。在英国，对工程造价的调整及价格指数的测定、发布等有一整套比较科学、严密的办法，政府部门要发布《工程调整规定》和《价格指数说明》等文件。

3. 多渠道的工程造价信息

发达国家和地区都十分重视对各方面造价信息的及时收集、筛选、整理及加工工作。这是因为工程造价信息是工程估价和结算的重要依据，是建筑市场价格变化的指示灯。从某种角度讲，及时、准确地捕捉建筑市场价格信息是业主和承包商能否保持竞争优势和取得盈利的关键因素之一。在美国，工程造价指数一般由一些咨询机构和新闻媒介来编制，在多种造价信息来源中，工程新闻记录（ENR，Engineering News Record）造价指数是比较重要的一种。编制ENR造价指数的目的是为了准确地预测建筑产品价格，确定工程造价。它是一个加权总指数，由构件钢材、波特兰水泥、木材和普通劳动力4种个体指数组成。ENR共编制两种造价指数：一种是建筑造价指数；另一种是房屋造价指数。这两种指数在计算方法上基本相同，区别仅体现在计算总指数中的劳动力要素不同。ENR指数资料来源于美国20个城市和加拿大2个城市，ENR在这些城市中派有信息员，专门负责收集价格资料和信息。ENR总部则将这些信息员收集到的价格信息和数据进行汇总分析，并在每个星期四计算并发布最近的造价指数。

4. 造价工程师的动态估价

在英国，业主一般要委托工料测量师行来完成工程估价。工料测量师行的估价大体上是按比较法和系数法进行。经过长期的工程估价实践，工料测量师行都拥有极为丰富的工程造价实例资料，并已建立工程造价数据库，对于标书中所列出的每一费用项价格的确定都有自己的标准。在估价时，工料测量师行将不同设计阶段提供的拟建工程资料与以往同类工程对比，结合当前建筑市场行情，确定项目单价。对于未能计算的项目（或没有对比对象的项目），则以其他建筑物的造价分析得来的资料予以补充。承包商在投标时的估价一般要凭自己的经验来完成，他们往往把投标工程划分为各分部工程，并根据企业内部定额计算出所需人工、材料、机械等耗用量，其人工单价主要根据各劳务分包商的报价加以比较确定，材料单价主要根据各材料供应商的报价加以比较确定，承包商根据建筑市场供求情况自行确定管理费率，最后做出体现当时当地实际价格的工程报价。总之，工程任何一方的估价都是以市场状况为重要依据，是完全意义的动态估价。

在美国，工程造价估算主要由设计部门或专业估价公司来承担，造价工程师（Cost Engineer）在具体编制工程造价估算时，除了考虑工程本身的特征因素（如工程拟采用的独特工艺和新技术、项目管理方式、现有场地条件及资源获得的难易程度等）外，一般还对工程项目进行较为详细的风险分析，以确定适度的预备费。但工程预备费的比例并不固定，随工程项目风险程度大小而变化。造价工程师可通过掌握不同的预备费率来调节造价估算的总体水平。

5. 通用的合同文本

合同在工程造价管理中有着重要地位，发达国家和地区都将严格按合同规定办事作为一项通用的准则来执行，并且有的国家还执行通用的合同文本。在英国，建设工程合同制度已有几百年历史，有着丰富的内容和庞大的体系。澳大利亚、新加坡和中国香港地区的建设工程合同制度都始于英国，著名的FIDIC（国际咨询工程师联合会）合同文件，也以英国的合同文件作为母本。英国有着一套完整的建设工程标准合同体系，包括JCT（合同仲裁委员会）合同体系、ACA（咨询顾问建筑师协会）合同体系、ICE（土木工程师学会）合同体系、皇家政府合同体系。JCT是英国的主要合同体系之一，主要适用于传统的房屋建筑工程。JCT合同体系本身又是一个系统的合同文件体系，它针对房屋建筑中不同的工程规模、性质、建造条件，提供各种不同的文本，供业主在发包、采购时选择。

美国建筑师学会（AIA）的合同条件体系更为庞大，分为A、B、C、D、F、G系列。其中，A系列是关于发包人与承包人之间的合同文件；B系列是关于发包人与提供专业服务的建筑师之间的合同文件；C系列是关于建筑师与提供专业服务的顾问之间的合同文件，D系列是建筑师行业所用的文件；F系列是财务管理表格；G系列是合同和办公管理表格。AIA系列合同条件的核心是"通用条件"。采用不同的计价方式时，只需选用不同的"协议书格式"与"通用条件"结合。AIA合同条件主要有总价、成本补偿及最高限定价格等计价方式。

6. 重视实施过程中的造价控制

国外对工程造价的管理是以市场为中心的动态控制。造价工程师能对造价计划执行中所出现的问题进行分析研究，及时采取纠正措施，这种强调工程实施过程中造价管理的做法，体现了造价控制的动态性，并且重视造价管理会随环境、价格等变化而调整造价控制标准和控制方法的动态特征。

以美国为例，造价工程师十分重视工程实施过程中的造价控制，对工程预算执行情况的检查和分析工作做得非常细致，对于建设工程各分部分项工程都有详细的成本计划，美国的承包商是以各分部分项工程的详细成本计划为依据来检查工程造价计划的执行情况。对于工程实施阶段实际成本与计划目标出现偏差的情况，首先按照一定标准筛选成本差异，然后进行重大成本差异分析，并填写成本差异分析报告表，由此反映出造成此项成本差异的原因、此项成本差异对项目其他成本项目的影响、拟采取的纠正措施及实施这些措施的时间、负责人及所需条件等。对于采取措施的成本项目，每月还应跟踪检查采取措施后费用的变化情况。若采取的措施不能消除成本差异，则需重新进行此项成本差异分析，再提出新的纠正措施，如果仍不奏效，造价控制经理则有必要重新审定工程竣工结算。

美国一些大型工程公司十分重视工程变更管理工作，建立了较为完善的工程变更管理制度，可随时根据各种变化情况提出变更、修改估算造价。美国工程造价的动态控制还体现在造价信息的反馈系统。各工程公司十分注意收集工程造价资料，并把向有关部门提出造价信息资料视为一种应尽义务，不仅注意收集造价资料，也派出调查员实地调查。这种造价控制反馈系统使动态控制以事实为依据，保证了造价管理的科学性。

2.4　我国工程造价管理沿革及改革发展

2.4.1　我国工程造价管理沿革

我国工程造价管理制度与国家在不同发展时期实行的经济体制密切相关。纵观中华人民共和国成立七十多年来工程造价管理发展历史，大体可分为三个阶段。

1. 计划经济主导下的政府统一定价制度（1949—1992年）

中华人民共和国成立后，长期实行计划经济体制，工程造价管理实行"量价合一，固定取费"的概预算制度。中华人民共和国成立初期，工程计价是在无统一预算定额和单价情况下进行的。当时没有统一的工程量计算规则，主要由估价员根据企业积累的资料和个人工作经验，依据设计图纸计算工程量，并结合市场行情进行工程报价，经与业主协商后确定工程造价。

1956年，我国颁布的《建筑工程预算定额》为全国范围内建筑工程预算、结算的编制提供了统一依据，同时也成为了各地区统一建筑工程预算定额的编制基础。我国以定额为基础的概预算制度地实施，标志着中华人民共和国工程造价管理制度的初步建立。在之后三十多年的传统计划经济时期，尽管经历了"大跃进""文化大革命"等定额制度遭受削弱、打击的特殊阶段，我国一直是在有政府统一预算定额和单价的情况下进行工程计价，基本上实行的是政府定价制度。工程建设任务全部通过行政分配交由各行政部门所属施工单位承担，政府管理部门及施工单位采用完全一致的政府指令性预算定额和计划价格进行计价。

1984年，我国开始实行有计划的商品经济，虽然通过实行工程招标投标制度，打破了工程建设任务的行政分配体制，但工程造价仍沿用计划经济体制下的管理体系。因此，在国家统一预算定额和单价基础上的工程造价管理制度，在中华人民共和国成立以来延续时间最长，且影响最为深远。时至今日，还对我国工程造价管理有着深刻影响。

2. 市场发挥基础性作用下的政府指导价制度（1992—2014年）

1992年召开党的"十四大"明确提出，我国要建立社会主义市场经济体制。党的"十五大"又提出，要使市场对资源配置起基础性作用。为适应社会主义市场经济发展要求，我国自1992年开始对定额计价进行改良，提出"控制量、指导价、竞争费"的基本思路，即：按照统一的计算规则制定工程消耗量定额，各省市定期发布人工、材料、机械使用等价格信息及调价文件予以指导，对措施费及间接费、利润率等则通过市场竞争形成。改良后的工程造价管理制度虽然在工程计价方面引入了市场竞争，将工程造价管理由"量价统一"向"量价分离"转变，但定额计价弊端依然突出，特别是消耗量定额仅反映了施工企业的社会平均水平，政府部门发布的价格信息则难以满足市场竞争形成价格的要求。

2003年，借鉴英国工料测量制度，我国制定和发布了《建设工程工程量清单计价规范》GB 50500—2013，推广工程量清单计价模式。与定额计价模式相比，工程量清单计价模式更多地体现了"量价分离，风险分担"的原则，即：招标人按照项目特征提供工程量清单，由投标人根据自身技术水平和管理能力进行自主报价；在合同履行过程中，业主和承包商分别承担工程量变化和价格变化风险。

实施工程量清单计价模式，为建立"企业自主报价，竞争形成价格"机制奠定了坚实基础。这对于提升企业市场竞争力，推动我国建筑业与国际接轨具有重要意义。但从工程量清单计价模式推行十多年来的实际情况看，工程量清单计价模式虽得到广泛应用，但工程造价市场化改革效果远不及预期和设想，基本上是一种"清单计价形式、定额计价实质"的情形。

3. 市场发挥决定性作用下的工程造价管理深化改革（2014年—）

2013年，党的十八届三中全会提出，要"使市场在资源配置中起决定性作用"。为深入贯彻落实党的十八届三中全会精神，住房和城乡建设部于2014年印发《关于进一步推进工程造价管理改革的指导意见》（建标［2014］142号），提出"坚持市场化改革方向，完善工程计价制度，转变工程计价方式"和"全面推行工程量清单计价"，以期全面推动工程造价管理市场化改革工作。但由于在管理体制机制及制度层面尚存在种种问题，特别是在政府和国有投资工程造价管理中，未能有效发挥市场在资源配置中应起的决定性作用，定额计价仍是当前主流方式。

2.4.2　我国工程造价管理市场化改革面临的挑战

当前，我国工程造价管理市场化改革仍面临巨大挑战。主要体现在以下几方面。

1. 工程造价市场机制尚未形成

一是未能处理好政府和市场的关系，政府该放的市场定价权没有放彻底，政府发布的定额和价格信息"包打天下"，成为"权威"数据，不仅成为建筑市场各方主体"方便"使用的直接数据，更是成为有关部门的"免责"依据。二是定额和价格信息的采集与发布缺乏科学性，价格信息不能及时、准确反映市场实际情况，导致按定额和价格信息编制的最高投标限价和按定额下浮率招标的合同总价严重偏离市场价格。三是招标评标办法不合理。目前，无论是最高投标限价的确定，还是基于"综合单价分析表"的评标，都在引导投标人根据政府发布的定额和价格信息进行报价，导致投标活动成为一种"以对定额执行正确并恰当确定让利幅度为目的"的游戏，离"竞争形成价格"的改革目标相去甚远。

2. 工程计价规则尚不完善

最初发布的《建设工程工程量清单计价规范》是力求对标国际的，但目前执行的《建设工程工程量清单计价规范》，规定内容越来越细，不仅项目划分口径与工程设计、招标投标、施工组织、采购方式、工程结算和成本核算口径存在差异，而且使得清单计价规则与定额计价规则逐渐趋同。有些地区还通过编制《计价指引》，将工程量清单与定额进行关联，导致现行工程计价呈现出"形式上清单，实质上定额"的现象，背离了工程量清单计价模式的设立初衷。

3. 工程造价行业监管尚不到位

一是重精准算量核价，轻全过程监管和风险防控。二是各部门之间的协同工作机制有待完善，投资决策和工程建设各阶段、各环节形成的工程造价数据掌握在不同市场主体和相关监管部门手中，"信息孤岛""碎片化"现象普遍存在，难以形成数据闭环，且因数据口径和标准不统一而无法进行有效传递。三是市场诚信机制和事中事后监管体系尚未有效建立，对违法违规行为惩罚力度不够。

4. 工程造价咨询业发展尚不成熟

一是工程造价咨询企业主要从事工程量清单编制、工程算量核价、竣工结算审计等附加值较低的政策性业务工作，工程造价管理资源投入与投资控制重点需求形成错配。重定额计价、轻合同管理，同时与可行性研究、设计及招标投标工作缺乏融合，较少介入工程设计优化和限额设计，错失了投资控制的最佳时机。二是工程造价管理高素质人才缺乏，多数从业人员过度依赖定额化计价软件，看似方便高效，实则低端重复，固化了思维，丧失了智力性策划能力。三是缺乏数据积累，未建立有效的工程造价数据库，支撑智力性服务的知识管理平台更是缺乏，缺少全过程咨询所需的核心竞争力，许多企业离开定额就无法提供咨询服务。

2.4.3　新形势下我国工程造价咨询企业发展

随着我国工程造价管理市场化改革的不断推进，建筑市场价格竞争机制将会逐步完善。与此同时，建筑市场国际化、信息化的快速发展，以及工程建设组织实施方式"一体化"的变革（如推行工程总承包和培育全过程工程咨询等），为工程造价咨询企业发展带来了挑战和机遇。工程造价咨询企业只有转型升级，才能适应建筑市场新的发展形势。

1. 工程造价咨询企业面临的新挑战

工程造价管理实质上是一种"以工程造价为核心的项目管理"。但长期以来，多数工程造价咨询企业的业务停留在算量核价层面上，而对经济分析评价、方案策划等涉及较少。随着全过程工程咨询模式的实施，工程造价咨询企业将面临更大的挑战，如图2-5所示。

2. 新形势下工程造价咨询企业发展路径

在新的发展形势下，工程造价咨询企业应基于SWOT分析，即分析自身条件：优势

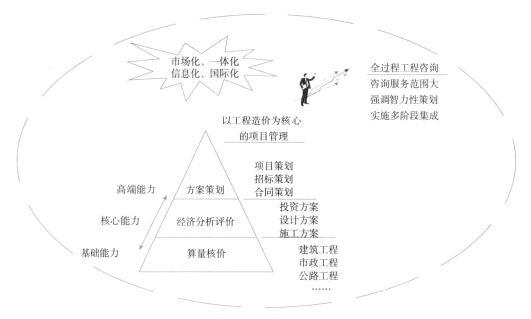

图2-5　新形势下工程造价咨询企业面临的挑战

（Strengths）和劣势（Weaknesses），外部环境：机会（Opportunities）和威胁（Threats），实施差异化战略。

（1）中小型企业应立足于自身传统业务，在适应工程造价管理市场化、信息化、国际化发展形势的基础上，做专做精工程造价咨询业务。

（2）大型综合型企业可以通过整合资源（特别是企业资质和人力资源），做强做优全过程工程咨询或全过程造价咨询业务。

1）所谓全过程工程咨询，是指工程咨询方综合运用多学科知识、工程实践经验、现代科学技术和经济管理方法，采用多种服务方式组合，为委托方在工程项目投资决策、建设实施阶段提供阶段性或全过程解决方案的综合性智力服务活动。与传统工程咨询相比，全过程工程咨询具有咨询服务范围大、强调智力性策划、实施多阶段集成等特点。工程造价咨询企业可结合自身优势，与工程设计、监理等企业通过股权置换、联合经营等方式实现强强联合，以投资控制为主线、以技术经济分析为手段、以合同管理为重点，为委托方提供全过程工程咨询服务，为委托方创造价值。

2）所谓全过程造价咨询，是指工程造价咨询企业为委托方在工程项目策划决策和建设实施阶段提供的造价咨询服务。开展全过程工程造价咨询业务，可以充分发挥工程造价咨询企业在工程造价确定和控制方面的专业优势，为提升工程项目价值发挥重要作用。多年来的工程造价咨询实践已证明，这种服务理念和工作方式广为投资主管部门和建设单位所接受，未来也将会作为工程造价咨询企业的主要业务。

复习思考题

1. 工程建设管理基本制度有哪些？实施项目法人责任制的优越性有哪些？
2. 工程监理制、招标投标制、合同管理制的含义是什么？
3. 我国对工程造价咨询企业资质有何要求？
4. 我国对造价工程师执业资格考试、注册及执业有何要求？
5. 发达国家和地区的工程造价管理模式和特点有哪些？
6. 我国工程造价管理市场化改革面临的挑战有哪些？
7. 新形势下我国工程造价咨询企业面临的挑战有哪些？发展路径是什么？

3

策划决策阶段造价管理

【学习目标】

建设工程及其造价源于策划决策阶段，尽管工程项目策划决策所花费的费用仅占工程总投资的1%左右，但策划决策结果对工程造价的影响程度会达到80%～90%。项目策划决策正确与否，直接关系到工程建设成败，关系到工程造价高低及投资效果好坏。

策划决策阶段造价管理主要体现在项目策划、可行性研究及经济评价方面。全过程工程造价管理源于项目策划，项目策划是工程造价管理的开端和重要基础。在策划基础上进行系统深入的可行性研究，是策划决策阶段造价管理的规范性动作，而经济评价又是项目可行性研究的核心内容。通过可行性研究，将为投资者进行科学的项目决策提供依据。策划决策阶段造价管理核心内容如图3-1所示。

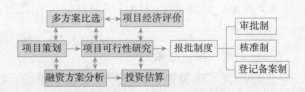

图3-1 策划决策阶段造价管理主要内容

通过学习本章，应掌握如下内容：

（1）项目策划；

（2）项目可行性研究；

（3）项目经济评价。

3.1 项目策划

工程项目策划是指将建设意图转换为定义明确、组成清晰、目标具体且具有策略性运作思路的高智力系统活动。工程项目策划主要包括建设前期项目系统构思策划、建设期间项目管理策划和项目建成后运营策划。工程项目策划以工程项目管理理论为指导，不仅服务于工程建设全过程，而且是工程造价管理的重要基础。

3.1.1 项目策划的内容和作用

1. 项目策划的主要内容

工程项目策划可分为总体策划和局部策划两种。工程项目总体策划一般是指在项目立项决策过程中所进行的全面策划，而工程项目局部策划可以是对全面策划任务进行分解后的一个单项性或专业性问题的策划，例如一个生产子系统的工艺策划或设备选型配置策划等。局部策划既可在工程项目前期策划决策阶段进行，也可在工程项目实施过程中进行。根据策划工作的对象和性质不同，策划内容、依据、深度和要求也不一样。

（1）工程项目构思策划

工程项目的提出，一般根据国家经济社会发展的近远期规划以及提出者（单位或个人）生产经营或社会物质文化生活的实际需要。因此，项目构思策划必须以法律法规和有关政策方针为依据，结合实际建设条件和地区经济社会环境进行。如果已确定在特定的地点建设，还必须与地区或城市规划的要求相适应。项目构想策划的主要内容包括：

1）工程项目定义。其是指工程项目的性质、用途和基本内容。

2）工程项目定位。其是指工程项目的建设规模、建设水准，工程项目在社会经济发展中的地位、作用和影响力，以及工程项目的必要性和可能性分析。

3）工程项目系统构成。其是指系统的总体功能，系统内部各单项工程、单位工程的构成，各自的作用和相互联系，内部系统与外部系统的协调、协作和配套的策划思路，以及方案的可行性分析。

4）其他。其他与工程项目实施及运行有关的重要环节策划均可列入工程项目构思策划的范畴。

（2）工程项目实施策划

工程项目实施策划旨在将体现建设意图的工程项目构思变成有实现可能性和可操作性的行动方案，并提出带有谋略性和指导性的设想。

1）工程项目组织策划。对于政府投资的经营性项目，需要实行项目法人责任制，应按《公司法》要求组建项目法人。对于政府投资的非经营性项目，可以实行代建制，也可以采用其他实施方式。工程项目组织策划既是工程项目总体构思策划的重要内容，也是对工程项目实施过程产生重要影响的策划内容。

2）工程项目融资策划。资金是工程项目实施的物质基础。工程项目投资额大、建设周期长，资金的筹措和运用对工程项目的成败关系重大。建设资金的来源渠道广泛，各种融资方式有其不同的特点和风险因素。融资方案的策划是控制资金使用成本，进而控制工程造价、降低工程项目风险所不可忽视的环节。工程项目融资策划具有很强的政策性、技巧性和谋略性，它取决于工程项目的性质和工程项目实施的运作方式。竞争性项目、基础性项目和公益性项目的融资有不同特点，只有通过策划才能确定和选择最佳融资方案。

3）工程项目目标策划。工程项目必须具有明确的目的和要求、明确的建设任务量和时间界限、明确的项目系统构成和组织关系，才能进行有效的项目目标控制。也就是说，确定项目的质量目标、造价目标和进度目标是工程项目管理的前提，同时还要兼顾安全和环保目标。由于工程项目目标之间的内在联系和制约，使工程项目目标的设定变得复杂和困难。为此，需要在工程项目系统构成和定位策划的过程中做到工程项目目标之间的最佳匹配。

4）工程项目实施过程策划。工程项目实施过程策划是对工程项目实施的任务分解和组织工作策划，包括设计、施工、采购任务的招标投标，合同结构，项目管理机构设置、工作程序、制度及运行机制，项目管理组织协调，管理信息收集、加工处理和应用等。工程项目实施过程策划视工程项目系统的规模和复杂程度，分层次、分阶段地展开，从总体轮廓性概略策划到局部实施性详细策划逐步深化。

2.　项目策划的主要作用

（1）构思工程项目系统框架

工程项目策划的首要任务是根据建设意图进行工程项目的定义和定位，全面构想一个待建项目系统。工程项目定义是指要明确界定工程项目的用途、性质，如某类工业项目、交通运输项目、公共项目、房地产开发项目等，具体描述工程项目的主要用途和目的。工程项目定位是要根据市场需求，综合考虑投资能力和最有利的投资方案，决定工程项目的规格和档次。例如，设想建设一幢高层写字楼，根据需求和建设条件，可以建成普通办公大楼，也可以建成具有多功能的现代化办公楼宇，总之，工程项目必须通过定位策划作出准确定位。

在工程项目定义和定位明确的前提下，需要提出工程项目系统框架，进行工程项目功能分析，确定工程项目系统组成。例如，要建设一个现代化钢铁生产项目，其系统构成应包括从原料投入到各类钢材产品产出全过程的若干单项工程——原材料输送子系统，炼铁子系统，炼钢子系统，轧钢子系统，产成品包装、储存和销售子系统等。再如，要新建一所学校，其系统构成应包括教学楼、实验室、办公楼、食堂、体育设施，以及视教师和学生的住宿情况建设必要的教师宿舍、学生集体宿舍和浴室等其他生活设施。通过策划工程项目系统框架，应使工程项目的基本设想变为具体而明确的建设内容和要求。

（2）奠定工程项目决策基础

在通常情况下，工程项目的投资决策是建立在可行性研究基础之上的，而工程项目可行性研究不仅包含建设方案，而且需要充分考虑工程项目所赖以生存和发展的社会经济环境和市场。建设方案的产生，并不是由投资主体的主观愿望和某种意图的简单构想就能完成的，必须通过专家的总体策划和若干重要细节的策划（如项目定位、系统构成、目标设定及管理运作等的具体策划），并进行实施可能性和可操作性的分析，才能使建设方案建立在可运作的基础上。也只有在此基础上，才会使工程项目可行性研究所提供的结论具有可实现性。例如，项目融资方案、项目建设总进度目标等都会对工程项目可行性研究结论产生重要影响，如果仅是从理想条件出发作出决定，在此条件下的可行性研究所得出的结论虽很乐观，但在项目实施过程中却不能按预想的融资方案运作，不能按预想总进度目标开展建设，项目实施的实际结果可能会与原来的可行性研究结论相悖。因此，只有经过科学、缜密的工程项目策划，才能为可行性研究和项目决策奠定客观而具有运作可能性的基础。

（3）指导工程项目管理工作

由于工程项目策划需要密切结合具体工程项目系统的整体特征，不仅把握和揭示工程项目系统总体发展的条件和规律，而且深入到工程项目系统构成的各个层面，还要针对各个阶段的发展变化对工程项目管理的运作方案提出系统的、具有可操作性的构想，因此，工程项目策划将直接成为指导工程项目实施和工程项目管理的基本依据。

工程项目管理工作的中心任务是进行工程项目目标控制，因此，工程项目策划是工程项目管理的前提，也是工程造价管理的前提。没有策划的工程项目管理及造价管理，将会陷入管理事务的盲目性和被动之中，没有科学管理作支撑的工程项目策划也将会成为纸上谈兵，而缺乏实用价值。

3.1.2　多方案比选方法

无论是总体策划还是局部策划，无论是项目构思策划还是项目实施策划，都是在构思多方案的基础上，通过方案比选，为决策提供依据。

工程项目多方案比选内容主要包括：工艺方案、规模方案、选址方案，甚至包括污染防治措施方案等。无论哪一类方案比选，均包括技术方案比选和经济效益比较分析两方面。

1. 技术方案比选

由于工程项目的技术内容不同，技术方案比选的内容、重点和方法也各不相同。

总的比选原则应是在满足技术先进适用、符合社会经济发展要求的前提下，选择能更好地满足决策目标的方案。

技术方案比选方法分为两大类，即：传统方法和现代方法。

（1）传统比选方法

传统比选方法主要包括：经验判断法、方案评分法和经济计算法。

1）经验判断法。利用人们的知识、经验和主观判断能力，靠直觉进行方案评价。其优点是适用性强，决策灵活；缺点是缺乏严格的科学论证，容易导致主观片面的结果。

2）方案评分法。根据评价指标对方案进行打分，最后根据得分多少判断优劣。其优点是能够定量判断方案的优劣，与笼统地用"很好""好""不好"等定性评价相比，要更为细致准确。

3）经济计算法。通过指标的大小来判断方案的优劣，是一种准确的方案比选方法。可应用于较准确地计算各方案经济效益的情形，如应用价值工程进行新产品开发、技术改造、可行性研究中投资方案的比选等。

（2）现代比选方法

现代比选方法主要包括：目标规划法、层次分析法、模糊综合评价法、灰色理论分析法和人工神经网络法等。

2. 经济效益比较分析

（1）比较分析要点

由于不同投资方案的投资、费用、收益及产出品的质量、数量不同，发生的时间、方案的寿命期也不尽相同，因此，在分析比较不同投资方案时，必须有一定的前提条件和合理的判别标准。

1）筛选备选方案。筛选备选方案实际上就是单方案检验，利用经济评价指标的判断准则剔除不可行方案。

2）保证备选方案之间的可比性。既可按方案的全部因素计算各方案的全部经济效益和费用，进行全面分析对比，也可就各个方案的不同因素计算其相对经济效益和费用，进行局部分析对比，但要遵循"效益和费用计算口径一致"的原则，保证各方案之间的可比性。

3）针对备选方案的结构类型选用适宜的比选方法。对于不同结构类型的方案，要选用不同的比较方法和评价指标。考察结构类型所涉及的因素有：方案的计算期是否相同、方案所需的资金来源是否有限制、方案的投资额是否相差过大等。

（2）比较分析方法

根据工程经济学基本原理，互斥型方案的比较分析方法有：静态差额投资收益率法、静态差额投资回收期法、差额投资内部收益率法、净现值法、净现值率法、年值法、总费用现值比较法、年费用比较法等。这些比较分析方法在工程经济学中有详细阐述，此处不再赘述。

多方案比选是一个复杂的系统工程，涉及许多因素，这些因素不仅包括经济因素，而且还包括诸如项目本身及项目内外部的其他相关因素。如产品市场、市场营销、企业形象、环境保护、外部竞争、市场风险等，只有对这些因素进行全面的调查研究和深入分析，再结合工程项目经济效益分析情况，才能比选出最佳方案，为科学的投资决策奠定基础。

3.1.3　融资方案分析

融资方案分析是指在初步确定项目资金筹措方式和资金来源后，通过比较分析推荐资金来源可靠、资金结构合理、融资成本低、融资风险小的方案的过程。

1. 资金来源可靠性分析

主要是分析工程建设所需总投资和分年所需投资能否得到足够的、持续的资金供应，即资本金和债务资金供应是否落实可靠。应力求使筹措的资金、币种及投入时序与工程建设进度和投资使用计划相匹配，确保工程建设顺利进行。

2. 资金结构分析

主要分析融资方案中资本金与债务资金比例、股本结构比例和债务结构比例是否合理，并分析其实现条件。

（1）资本金与债务资金比例

在一般情况下，项目资本金比例过低、债务资金比例过高，将给工程建设和生产运营带来潜在的财务风险。应根据工程项目特点进行资金结构分析，合理确定项目资本金与债务资金比例。

（2）股本结构比例

股本结构反映项目股东各方出资额和相应权益。在资金结构分析中，应根据工程项目特点和主要股东方参股意愿，合理确定参股各方的出资比例。

（3）债务结构比例

债务结构反映项目债权各方为项目提供的债务资金比例。在资金结构分析中，应根据债权人提供债务资金的方式、附加条件，以及利率、汇率、还款方式，合理确定内债与外债比例、政策性银行与商业银行的贷款比例以及信贷资金与债券资金的比例。

3. 融资成本分析

（1）融资成本及其计算

融资成本高低是判断融资方案是否合理的重要因素之一。

1）融资成本的概念。这里的融资成本，是指为筹集和使用工程建设资金而支付的费用。融资成本一般包括资金（资本金）筹集成本和资金（资本金）占用成本两部分。

①资金（资本金）筹集成本。资金（资本金）筹集成本是指在资金（资本金）筹集过程中所支付的各项费用，如发行股票或债券支付的印刷费、发行手续费、律师费、

资信评估费、公证费、担保费、广告费等。资金（资本金）筹集成本一般属于一次性费用，筹资次数越多，资金（资本金）筹集成本也就越大。

②资金（资本金）占用成本。资金（资本金）占用成本是指使用资金（资本金）过程中发生的经常性费用，主要包括支付给股东的各种股息和红利、向债权人支付的贷款利息以及支付给其他债权人的各种利息费用等。资金（资本金）占用成本一般与所筹集的资金多少及使用时间的长短有关，具有经常性、定期性特征，是融资成本的主要内容。

资金（资本金）筹集成本与资金（资本金）占用成本是有区别的，前者是在筹措资金时一次支付的，在使用资金过程中不再发生，因此可作为筹资金额的一项扣除，而后者是在资金使用过程中多次、定期发生的。

2）融资成本的计算

①融资成本计算的一般形式。融资成本可用绝对数表示，也可用相对数表示。为便于分析比较，融资成本一般用相对数表示，称之为融资成本率。其一般计算公式为：

$$K = \frac{D}{P-F} \qquad (3-1)$$

或

$$K = \frac{D}{P(1-f)} \qquad (3-2)$$

式中　K——融资成本率（也可称为融资成本）；

　　　P——筹集资金总额；

　　　D——资金占用成本；

　　　F——资金筹集成本；

　　　f——资金筹集成本率（即资金筹集成本占筹集资金总额的比率）。

②不同资金来源的融资成本率。

a. 优先股成本。企业发行优先股股票筹资，需支付的资金筹集成本有注册费、代销费等，其股息也要定期支付，但这些费用是企业用税后利润来支付，不会减少企业应上缴的所得税。

优先股资金成本率可按下式计算：

$$K_p = \frac{D_p}{P_0(1-f)} \qquad (3-3)$$

或

$$K_p = \frac{P_0 \cdot i}{P_0(1-f)} = \frac{i}{1-f} \qquad (3-4)$$

式中 K_p——优先股成本率；

P_0——优先股票面值；

D_p——优先股每年股息；

i——股息率。

b. 普通股成本。普通股融资成本计算方法有股利增长模型法和资本资产定价模型法两种。

（a）股利增长模型法。普通股的股利往往不是固定的，因此，其融资成本率的计算通常采用股利增长模型法。一般假定收益以固定的年增长率递增，则普通股成本的计算公式为：

$$K_s = \frac{D_c}{P_c(1-f)} + g = \frac{i_c}{1-f} + g \qquad (3-5)$$

式中 K_s——普通股成本率；

P_c——普通股票面值；

D_c——普通股预计年股利额；

i_c——普通股预计年股利率；

g——普通股利年增长率。

（b）资本资产定价模型法。这是一种根据投资者对股票的期望收益来确定融资成本的方法。在此前提下，普通股成本的计算公式为：

$$K_s = R_F + \beta(R_m - R_F) \qquad (3-6)$$

式中 R_F——无风险报酬率；

β——股票系数；

R_m——平均风险股票必要报酬率。

c. 债券成本。企业发行债券后，所支付的债券利息列入企业费用开支，因而使企业少缴一部分所得税，两者抵消后，企业实际支付的债券利息仅为：债券利息×（1－所得税税率）。因此，债券成本率可按下列公式计算：

$$K_B = \frac{I(1-T)}{B(1-f)} \qquad (3-7)$$

或

$$K_B = i_b \cdot \frac{1-T}{1-f} \qquad (3-8)$$

式中 K_B——债券成本率；

B——债券筹资额；

I——债券年利息；

i_b ——债券年利息率；

T ——所得税税率。

如果债券溢价或折价发行，为更精确地计算融资成本，应以实际发行价格作为债券筹资额。

d. 银行借款成本。企业所支付的利息和费用一般可作为企业费用开支，相应地减少部分利润会使企业少缴一部分所得税，因而使企业实际支出相应减少。对每年年末支付利息、贷款期末一次全部还本的借款，其借款成本率为：

$$K_g = \frac{I(1-T)}{G-F} = i_g \cdot \frac{1-T}{1-f} \qquad (3-9)$$

式中　K_g——借款成本率；

　　　G ——贷款总额；

　　　I ——贷款年利息；

　　　i_g ——贷款年利率；

　　　F ——贷款费用。

e. 租赁成本。企业通过租赁获得某项资产的使用权，需定期支付租金，且租金列入企业成本，从而可减少应付所得税。因此，其租赁成本率为：

$$K_L = \frac{E}{P_L} \times (1-T) \qquad (3-10)$$

式中　K_L——租赁成本率；

　　　P_L——租赁资产价值；

　　　E ——年租金额。

f. 保留盈余成本。保留盈余又称为留存收益，其所有权属于股东，是企业资金的一种重要来源。企业保留盈余，等于股东对企业追加投资。股东对这部分投资与其所持股本一样，也要求有一定报酬，因此，保留盈余也有融资成本。保留盈余成本是股东失去对外投资的机会成本，故与普通股成本的计算方法基本相同，只是不考虑资金筹集费用。其计算公式为：

$$K_R = \frac{D_1}{P_0} + g = i + g \qquad (3-11)$$

式中　K_R——保留盈余成本率。

③融资成本的加权平均。通常情况下，工程项目不只采用一种融资方式，往往需要通过多种方式筹集所需建设资金。为进行融资决策，就需要计算项目融资总成本——融资成本的加权平均值。融资成本的加权平均值一般是以各种资本占全部资本的比例为权重，对个别融资成本进行加权平均来确定。其计算公式为：

$$K=\sum_{i=1}^{n}\omega_i \cdot K_i \qquad (3-12)$$

式中 K ——融资总成本率；

ω_i ——第i种融资方式的权重；

K_i ——第i种融资方式的成本率。

（2）融资成本分析内容

1）债务资金融资成本分析。债务资金融资成本由资金筹集费和资金占用费组成。在比选融资方案时，应分析各种债务资金融资方式的利率水平、利率计算方式（固定利率或浮动利率）、计息（单利、复利）和付息方式，以及偿还期和宽限期，计算债务资金的综合利率。

2）资本金融资成本分析。资本金融资成本由资本金筹集费和资本金占用费组成。资本金占用费一般应按机会成本的原则计算。当机会成本难以计算时，可参照银行存款利率计算。

4. 融资风险分析

融资方案的实施经常会受到各种风险的影响。为了使融资方案稳妥可靠，需要对下列可能发生的风险因素进行识别、预测。

（1）资金供应风险

资金供应风险是指融资方案实施过程中，可能出现资金不落实或到位不及时，导致建设工期延长、工程造价提高、原定投资效益目标难以实现的风险。主要有：

1）原定筹资额全部或部分落空。如已承诺出资的投资者中途变故，不能兑现承诺；

2）原定发行股票、债券计划不能实现；

3）由于企业经营状况恶化，既有项目法人无力按原定计划出资；

4）其他资金不能按工程建设进度足额及时到位。

（2）利率风险

利率水平随着金融市场情况而变动，如果融资方案中采用浮动利率计息，则应分析贷款利率变动的可能性及其对项目造成的风险和损失。

（3）汇率风险

汇率风险是指国际金融市场外汇交易结算产生的风险，包括人民币对各种外币币值的变动风险和各外币之间比价变动的风险。对于利用外资数额较大的投资项目，应对外汇汇率走势进行分析，估测汇率发生较大变动时对项目造成的风险和损失。

3.2 项目可行性研究

工程项目可行性研究是指在工程项目投资决策前，通过对与工程项目有关的技术、经济等各方面条件和情况的调查、研究、分析，对各种可能的建设方案进行比较论证，并对项目建成后的经济效益、社会效益和环境效益进行预测和评价的过程。

可行性研究主要评价工程项目技术上的先进性和适用性，经济上的盈利性和合理性，建设的可能性和可行性，以及社会和环境影响程度等。可行性研究需要从项目建设实施和生产运营全寿命期综合考察分析项目可行性，是项目策划决策阶段的重要工作内容。可行性研究的目的是回答项目是否有必要建设，是否可能建设和如何进行建设的问题，其结论将为投资者最终决策提供直接依据。

3.2.1　可行性研究的内容和作用

1. 可行性研究阶段及内容

（1）可行性研究阶段

可行性研究是一个由粗到细的分析研究过程，按照国际惯例，可行性研究可分为投资机会研究、初步可行性研究和详细可行性研究三个阶段。

1）投资机会研究。投资机会研究为项目投资方向和设想提出建议。根据国民经济发展长远规划和行业地区规划、经济建设方针、建设任务和技术经济政策，在一个确定的地区和部门内，利用对自然资源和市场的调查、预测，寻找最有利的投资机会，提出项目投资建议。

在投资机会研究阶段，需要编制项目建议书，提出项目大致设想，初步分析项目建设的必要性和可行性。

2）初步可行性研究。项目建议书经政府投资主管部门批准后，对于投资规模较大、工艺技术复杂的大中型项目，在进行全面分析研究之前，往往需要先进行初步可行性研究。

初步可行性研究是介于机会研究和详细可行性研究的中间阶段。其目的是对项目初步评估进行专题辅助研究，广泛分析、筛选方案，鉴定项目的选择依据和标准，确定项目初步可行性。通过编制初步可行性研究报告，判定是否有必要进行下一步详细可行性研究。

3）详细可行性研究。详细可行性研究为项目决策提供技术、经济、社会及商业方面的依据，是项目投资决策的基础。其目的是对工程项目进行深入细致的技术经济论证，重点对项目进行财务效益和经济效益的分析评价，经过多方案比较选择最佳方案，确定工程项目的最终可行性。详细可行性研究的最终成果是可行性研究报告。

在可行性研究的各个阶段，由于基础资料的占有程度、研究深度及可靠程度要求不同，决定了各阶段工作内容和投资估算精度各不相同。可行性研究三个阶段的比较见表3-1。

可行性研究阶段 表 3-1

工作阶段	投资机会研究	初步可行性研究	详细可行性研究
工作性质	项目设想	项目初选	项目拟定
工作内容及成果	鉴别投资方向，寻找投资机会，提出项目建议，为初步选择项目提供依据	对项目进行专题辅助研究，编制初步可行性研究报告，确定是否有必要进行详细可行性研究，进一步判明工程项目生命力	对项目进行深入细致的技术经济论证，编制可行性研究报告，提出结论性意见，作为项目投资决策的重要依据
投资估算精度	±30%	±20%	±10%
费用占投资总额百分比（%）	0.1~1.0	0.25~1.25	大项目0.2~1.0 小项目1.0~3.0
所需时间（月）	1~3	4~6	6~12或更长

（2）可行性研究内容

工程项目类别不同，可行性研究内容不尽一致，但通常应包括以下三方面内容：①进行市场研究，以解决项目建设的必要性问题；②进行工艺技术方案研究，以解决项目建设的技术可能性问题；③进行财务和经济分析，以解决项目建设的合理性问题。项目可行性研究工作完成后，需要编写反映其全部工作成果的项目可行性研究报告。

2. 可行性研究的作用

在工程项目投资决策前进行可行性研究，是保证工程项目以最少投资耗费取得最佳经济效益的科学手段。可行性研究的作用主要体现在以下几方面。

（1）作为项目投资决策的依据

项目投资决策者主要根据可行性研究结论决定一个项目是否应投资以及如何投资。可行性研究结论是项目投资的主要依据。

（2）作为项目融资的依据

金融机构在接受企业贷款申请时，需要对贷款项目进行分析评估，确认项目具有偿债能力，不会承担过大风险时，才有可能同意贷款。而这种对于偿债能力的分析评估，需要基于项目可行性研究结论而进行。其他投资者的投资决策也是如此。

（3）作为获取能源资源和引进技术设备的依据

根据可行性研究报告，项目建设单位可与有关单位签订项目所需原材料、能源资源和基础设施等方面的协议或合同，以及用以引进技术设备的正式签约。

（4）作为项目实施的依据

项目可行性研究中对产品方案、建设规模、厂址、工艺流程、主要设备选型和总图布置等方案比选论证的结果，可作为初步设计、设备订货和施工准备工作的依据。

（5）作为项目环境影响评价的依据

项目可行性研究中对环境影响作出的分析评价，可作为环保主管部门审查项目环境影响的依据。

3.2.2 可行性研究报告及其审批

1. 可行性研究报告内容

对于一般工业项目而言，可行性研究报告通常包括以下内容。

（1）总论

总论包括：项目背景（项目名称、承办单位概况、可行性研究报告编制依据、项目提出的理由与过程）；项目概况（拟建地点、建设规模与目标、主要建设条件、项目投入总资金及效益情况、主要技术经济指标）；问题与建议。

（2）市场预测

市场预测包括：产品市场供应预测（国内外市场供应现状、国内外市场供应预测）；产品市场需求预测（国内外市场需求现状、国内外市场需求预测）；产品目标市场分析（目标市场确定、市场占有份额分析）；价格现状与预测（产品国内市场销售价格、产品国际市场销售价格）；市场竞争力分析（主要竞争对手情况、产品市场竞争力优劣势、营销策略）；市场风险。

（3）资源条件评价

针对资源开发项目而言，资源条件评价包括：资源可利用量（矿产地质储量、可采储量，水利水能资源蕴藏量，森林蓄积量等）；资源品质情况（矿产品位、物理性能、化学组分，煤炭热值、灰分、硫分等）；资产赋存条件（矿体结构、埋藏深度、岩体性质，含油气地质构造等）；资源开发价值（资源开发利用的技术经济指标）。

（4）建设规模与产品方案

建设规模与产品方案包括：建设规模（建设规模方案比选、推荐方案及其理由）；产品方案（产品方案构成、产品方案比选、推荐方案及其理由）。

（5）场址选择

场址选择包括：场址所在位置现状（地点与地理位置、场址土地权属类别及占地面积、土地利用现状、技术改造项目现有场地利用情况）；场址建设条件（地形、地貌、地震情况，工程地质与水文地质，气候条件，城镇规划及社会环境条件，交通运输条件，公用设施社会依托条件，防洪、防潮、排涝设施条件，环境保护条件，法律支持条件，征地、拆迁、移民安置条件，施工条件）；场址条件比选（建设条件比选、建设投资比选、运营费用比选、推荐场址方案、场址地理位置图）。

（6）技术方案、设备方案和工程方案

技术方案、设备方案和工程方案包括：技术方案（生产方法，工艺流程，工艺技术来源，推荐方案的主要工艺流程图、物料平衡图，物料消耗定额表）；主要设备方案（主要设备选型、主要设备来源、推荐方案的主要设备清单）；工程方案（主要建、构筑物的建筑特征、结构及面积方案，矿建工程方案，特殊基础工程方案，建筑安装工程量及"三材"用量估算，技术改造项目原有建、构筑物利用情况，主要建、构筑物工程一览表）。

（7）主要原材料、燃料供应

主要原材料、燃料供应包括：主要原材料供应（主要原材料品种、质量与年需要量，主要辅助材料品种、质量与年需要量，原材料、辅助材料来源与运输方式）；燃料供应（燃料品种、质量与年需要量，燃料供应来源与运输方式）；主要原材料、燃料价格（价格现状，主要原材料、燃料价格预测）；主要原材料、燃料年需要量表。

（8）总图、运输与公用辅助工程

总图、运输与公用辅助工程包括：总图布置（平面布置，竖向布置，技术改造项目原有建、构筑物利用情况，总平面布置图，总平面布置主要指标表）；场内外运输（场外运输量及运输方式，场内运输量及运输方式，场内运输设施及设备）；公用辅助工程（给水排水工程，供电工程，通信设施，供热设施，空分、空压及制冷设施，维修设施，仓储设施）。

（9）节能措施

节能措施包括：节能措施；能耗指标分析。

（10）节水措施

节水措施包括：节水措施；水耗指标分析。

（11）环境影响评价

环境影响评价包括：场址环境条件；项目建设和生产对环境的影响（项目建设对环境的影响、项目生产过程产生的污染物对环境的影响）；环境保护措施方案；环境保护投资；环境影响评价。

（12）劳动安全卫生与消防

劳动安全卫生与消防包括：危害因素和危害程度（有毒有害物品的危害、危险性作业的危害）；安全措施方案（采用安全生产和无危害的工艺和设备、对危害部位和危险作业的保护措施、危险场所的防护措施、职业病防护和卫生保健措施）；消防设施（火灾隐患分析、防火等级、消防设施）。

（13）组织机构与人力资源配置

组织机构与人力资源配置包括：组织机构（项目法人组建方案、管理机构组织方案和体系图、机构适应性分析）；人力资源配置（生产作业班次、劳动定员数量及技能素质要求、职工工资福利、劳动生产率水平分析、员工来源及招聘方案、员工培训计划）。

（14）项目实施进度

项目实施进度包括：建设工期；项目实施进度安排；项目实施进度表（横道图）。

（15）投资估算

投资估算包括：投资估算依据；建设投资估算（建筑工程费、设备及工器具购置费、安装工程费、工程建设其他费用、基本预备费、涨价预备费、建设期利息）；流动资金估算；投资估算表（项目投入总资金估算汇总表、单项工程投资估算表、分年投资计划表、流动资金估算表）。

（16）融资方案

融资方案包括：资本金筹措（新设项目法人项目资本金筹措、既有项目法人项目资本金筹措）；债务资金筹措；融资方案分析。

（17）财务评价

财务评价包括：新设项目法人项目财务评价（财务评价基础数据与参数选取、销售收入估算、成本费用估算、财务评价报表、财务评价指标）；既有项目法人项目财务评价（财务评价范围确定、财务评价基础数据与参数选取、销售收入估算、成本费用估算、财务评价报表、财务评价指标）；不确定性分析（敏感性分析、盈亏平衡分析）；财务评价结论。

（18）国民经济评价

国民经济评价包括：影子价格及通用参数选择；效益费用范围调整（转移支付处理、间接效益和间接费用计算）；效益费用数值调整（投资调整、流动资金调整、销售收入调整、经营费用调整）；国民经济效益费用流量表（项目国民经济效益费用流量表、国内投资国民经济效益费用流量表）；国民经济评价指标（经济内部收益率、经济净现值）；国民经济评价结论。

（19）社会评价

社会评价包括：项目对社会的影响分析；项目对所在地适应性分析（利益群体对项目的态度及参与程度、各级组织对项目的态度及支持程度、地区文化状况对项目的适应程度）；社会风险分析；社会评价结论。

（20）风险分析

风险分析包括：项目主要风险因素识别；风险程度分析；防范和降低风险对策。

（21）研究结论与建议

研究结论与建议包括：推荐方案的总体描述；推荐方案的优缺点描述（优点、存在问题、主要争论与分歧意见）；主要对比方案（方案描述、未被采纳的理由）；结论与建议。

此外，还应包括附图、附表和附件。对于其他工程项目，可参照上述内容并结合工程项目特点编制可行性研究报告。

2. 可行性研究报告的审批

为转变政府管理职能，确立企业投资主体地位，《国务院关于投资体制改革的决定》（国发〔2004〕20号）中明确，要彻底改革传统的投资管理制度，由原来的不分投资主体、不分资金来源、不分项目性质，一律按投资规模大小分别由各级政府及有关部门进行审批的单一审批制，改变为政府投资项目的审批制和企业投资项目的核准制或登记备案制。

（1）政府投资项目审批制

为提高政府投资项目决策的科学化、民主化水平，政府投资项目一般都要经过符合资质要求的咨询机构的评估论证。特别重大的项目还应实行专家评议制度。要逐步实行政府投资项目公示制度，广泛听取各方面的意见和建议。

对于采用直接投资和资本金注入方式的政府投资项目，政府投资主管部门从投资决策角度只审批项目建议书和可行性研究报告，同时应严格政府投资项目的初步设计、概算审批工作。对于采用投资补助、转贷和贷款贴息方式的政府投资项目，只审批资金申请报告。

（2）企业投资项目核准制或登记备案制

对于企业不使用政府资金投资建设的项目，一律不再实行审批制，区别不同情况实行核准制或登记备案制。项目的市场前景、经济效益、资金来源和产品技术方案等均由企业自主决策、自担风险，并依法办理环境保护、土地使用、资源利用、安全生产、城市规划等许可手续和减免税确认手续。对于企业使用政府补助、转贷、贴息投资建设的项目，政府只审批资金申请报告。

1）实行政府核准制的项目。政府仅对企业投资建设的重大项目和限制类项目从维护社会公共利益角度进行核准。企业投资建设实行核准制的项目，仅需向政府提交项目申请报告，不再经过批准项目建议书、可行性研究报告和开工报告的程序。政府对企业提交的项目申请报告，主要从维护国家经济安全、合理开发利用资源、保护生态环境、优化重大布局、保障公共利益、防止出现垄断等方面进行核准。对于外商投资项目，政府还要从市场准入、资本项目管理等方面进行核准。

2）实行登记备案制的项目。对于企业不使用政府资金投资建设的项目，除实行政府核准制的项目外，其余项目均实行登记备案制。对于实行登记备案制的项目，由企业按照属地原则向地方政府投资主管部门备案。

3.2.3　投资估算审查

投资估算是指在项目策划决策阶段，按照规定的程序、方法和依据，对拟建项目所需总投资及其构成进行预测和估计的过程。投资估算成果文件称为投资估算书，也可简称为投资估算。投资估算作为工程建设投资的最高限额，对工程造价的合理确定和有效控制有着十分重要的作用。投资估算的准确与否不仅影响到项目可行性研究工作质量及经济评价结果，而且直接关系到建设资金融资方案及工程设计和概预算编制。由此可见，审查投资估算是确定工程造价的首要环节之一。完整、准确的投资估算将会为项目投资决策及建设实施过程中工程造价的有效控制奠定坚实基础。

1. 投资估算审查内容

投资估算审查内容包括：估算编制依据、估算编制方法、估算编制内容及估算费用项目四方面。

（1）投资估算编制依据的审查

投资估算编制依据主要审核和分析投资估算编制依据的准确性、时效性和实用性。可用于项目投资估算的数据资料有很多，如已建类似工程项目投资、设备和材料价格、有关工程造价指数/指标及各种政策等。即使对同一类工程而言，由于地区、时间、工料价格等不同，其投资也会有较大差异。为此，要注意投资估算编制依据的准确性、时效性和实用性。投资估算依据要符合国家、地区或行业有关规定，要结合拟建项目工艺水平、建设规模、结构特征、环境条件等因素在建设投资方面的差异进行调整，使投资估算水平尽可能符合项目所在地实际投资水平。

（2）投资估算编制方法的审查

投资估算编制方法主要核查投资估算方法选用的科学性和适用性。投资估算方法有多种，如生产能力指数法、系数估算法、比例估算法、指标估算法及混合法等，每种估算方法都有其适用条件和范围，并具有不同的准确度。为此，应根据拟建项目特点选用合理、适用的估算方法进行投资估算，确保投资估算质量。

（3）投资估算编制内容的审查

投资估算编制内容主要核查投资估算的编制内容与拟建项目规划要求是否相一致。投资估算的工程内容包括主体工程、辅助工程、公用工程、生产与生活服务设施、交通工程等，在建设规模、技术标准、自然条件、环境要求等方面应与规划要求相一致；要对工程内容尽可能地量化和质化，不能任意提高标准、扩大规模，也不能有高估冒算、压低造价等情况。

（4）投资估算费用项目的审查

投资估算费用项目主要核查投资估算费用项目及数额的真实性。投资估算中各费用项要与规定要求、实际情况相符，不能有漏项或多项，也不能有重复或少算。要结合项目所在地交通、地方材料供应、国内外设备订货及大型设备运输等实际情况考虑材料价差及设备运杂费等调整。要考虑物价上涨、国外设备或技术引进等对项目投资的影响；还要考虑新技术、新材料应用及绿色环保等要求对项目投资的影响等。

2. 投资估算审查方法

根据不同情况选择合适的投资估算审查方法是提高审查效率、确保审查质量的关键。投资估算审查可选用以下方法。

（1）对比分析法

通过对比分析建设规模、技术标准、结构特征、估算内容和方法、人材机价格等，核查投资估算是否存在问题和偏差。

（2）多方复核法

对重要、关键设备和生产装置或额度较大的费用项，以及审查中发现的主要问题进行多方查询复核，或通过分析多个类似工程实际投资进行比对。

3.3 项目经济评价

工程项目经济评价应根据国民经济和社会发展及行业、地区发展规划要求，在工程项目初步方案的基础上，采用科学的分析方法，对拟建项目的财务可行性和经济合理性进行分析论证，为工程投资决策提供科学依据。

3.3.1　经济评价的内容和原则

1. 经济评价内容

工程项目经济评价包括财务分析和经济分析。

（1）财务分析

财务分析是指在国家财税制度和价格体系下，从项目角度计算项目的财务效益和费用，分析项目的盈利能力和清偿能力，评价项目的财务可行性。

（2）经济分析

经济分析是指在合理配置社会资源的前提下，从国家整体利益角度计算项目对国民经济的贡献，分析项目的经济效益、效果和对社会的影响，评价项目的宏观经济合理性。

2. 财务分析与经济分析的联系和区别

（1）财务分析与经济分析的联系

进行项目投资决策时，既要考虑项目的财务分析结果，更要遵循使国家和社会获益的项目经济分析原则。财务分析与经济分析密切相关，二者关系如下：

1）财务分析是经济分析的基础。多数经济分析需要在项目财务分析的基础上进行，项目财务分析数据资料是经济分析的基础。

2）经济分析是财务分析的前提。项目国民经济效益可行是决定项目立项的先决条件和主要依据，项目在财务上可行不能决定项目的最终可行性。

（2）财务分析与经济分析的区别

二者区别如下：

1）评价的出发点和目的不同。财务分析是站在企业或投资人角度，分析评价项目的财务收益和成本；而经济分析则是从国家或地区角度，分析评价项目对整个国民经济和社会所产生的收益和成本。

2）费用和效益的组成不同。项目财务分析中，凡是流入或流出的项目收支均视为企业或投资者的效益和费用；而在项目经济分析中，只有当项目的投入或产出能够给国民经济带来贡献时，才被当作项目的费用或效益进行评价。

3）分析的对象不同。项目财务分析的对象是企业或投资人的财务收益和成本；而项目经济分析的对象是由项目带来的国民收入增值情况。

4）衡量费用和效益的价格尺度不同。项目财务分析关注的是项目实际货币效果，需要根据预测的市场交易价格来计量项目投入和产出物的价值；而项目经济分析关注的是对国民经济的贡献，采用体现资源合理有效配置的影子价格来计量项目投入和产出物的价值。

5）分析的内容和方法不同。项目财务分析主要采用企业成本和效益分析方法；而项目经济分析需要采用费用和效益分析、成本和效益分析和多目标综合分析等方法。

6）采用的评价标准和参数不同。项目财务分析的主要标准和参数是净利润、财务净现值、市场利率等；而项目经济分析的主要标准和参数是净收益、经济净现值、社会折现率等。

3. 经济评价原则

项目经济评价应遵循以下基本原则。

（1）"有无对比"原则

"有无对比"是指"有项目"相对于"无项目"的对比分析。"无项目"状态是指不进行项目投资时，计算期内与项目有关的资产、费用与收益的预计情况；"有项目"状态是指进行项目投资后，计算期内资产、费用与收益的预计情况。通过"有无对比"，可求出项目的增量效益，排除了项目实施前各种条件的影响，突出项目投资活动效果。在"有项目"与"无项目"两种情况下，效益和费用的计算范围、计算期应保持一致，这样才具有可比性。

（2）效益与费用的计算口径一致原则

将效益与费用限定在同一个范围内，才有可能进行比较，计算的净效益才是项目投入的真实回报。

（3）收益与风险权衡原则

项目投资者关心的是效益指标，但如果对可能给项目带来风险的因素考虑得不全面，对风险事件可能造成的损失估计不足，往往有可能造成项目失败。投资者进行项目投资决策时，不仅要考虑效益，也要关注风险，权衡得失利弊后再进行决策。

（4）定量分析与定性分析相结合原则

经济评价的本质就是要对拟建项目在整个计算期的经济活动，通过效益与费用计算，分析比较项目经济效益。一般来说，项目经济评价以定量分析为主，要求尽量采用定量指标。但对于有些不能量化的经济因素，无法直接进行数量分析，只能采取定性分析方法。因此，项目经济评价应遵循定量分析与定性分析相结合，并以定量分析为主的原则。

（5）动态分析与静态分析相结合原则

动态分析是指考虑资金的时间价值对现金流量进行分析；静态分析则是指不考虑资金的时间价值对现金流量进行分析。项目经济评价的核心是动态分析，静态指标虽比较直观，但只能作为辅助指标。因此，项目经济评价应以动态分析为主，静态分析为辅。

3.3.2　财务分析

1. 财务效益和费用估算

财务效益和费用是财务分析的重要基础，估算的准确性与可靠程度会直接影响财务分析结论。

（1）财务效益和费用构成

项目财务效益与项目目标有着直接关系，项目目标不同，财务效益包含的内容也会有所不同。

1）对于市场化运作的经营性项目，项目目标是通过销售产品或提供服务实现盈利，因此，项目财务效益主要是指项目营业收入。对于国家鼓励发展的某些经营性项目，可获得增值税优惠。按照有关会计及税收制度，先征后返的增值税应记作补贴收入，作为财务效益进行核算，而且不考虑"征"和"返"的时间差。

2）对于为社会提供公共产品或以保护环境等为目标的非经营性项目，往往没有直接的营业收入，也即没有直接的财务效益，需要政府提供补贴才能维持正常运转。为此，应将补贴作为项目财务收益，通过预算平衡计算所需补贴数额。

3）对于为社会提供准公共产品或服务的项目，如市政公用设施、交通、电力等项目，其经营价格往往受到政府管制，营业收入可能基本满足或不能满足补偿成本的要求，有些需要在政府提供补贴的情况下才具有财务生存能力。因此，这类项目的财务效益应包括营业收入和补贴收入。

4）项目所支出的费用主要包括投资、成本费用和税金等。

（2）财务效益和费用采用的价格

财务分析应采用以市场价格体系为基础的预测价格。在建设期内，一般应考虑投入的相对价格变动及价格总水平变动。在运营期内，若能合理判断未来市场价格变动趋势，投入与产出可采用相对变动价格；若难以确定投入与产出的价格变动，一般可采用项目运营期初的价格；有要求时，也可考虑价格总水平的变动。运营期财务效益和费用的估算采用的价格，应符合下列要求：①效益和费用估算采用的价格体系应一致；②采用预测价格，有要求时可考虑价格变动因素；③对适用增值税的项目，运营期内投入和产出的估算表格可采用不含增值税价格；若采用含增值税价格，应予以说明，并调整相关表格。

（3）财务效益和费用估算步骤

财务效益和费用估算步骤应与财务分析步骤相匹配。在进行融资前分析时，应先估算独立于融资方案的建设投资和营业收入，然后是经营成本和流动资金。在进行融资后分析时，应先确定初步融资方案，然后估算建设期利息，进而完成固定资产原值估算，通过还本付息计算求得运营期各年利息，最终完成总成本费用估算。

2. 财务分析参数

财务分析参数包括计算、衡量项目财务效益和费用的各类计算参数和判定项目财务合理性的判据参数。

（1）基准收益率

财务基准收益率是指项目财务评价中对可货币化的项目效益和费用采用折现方法

计算财务净现值的基准折现率，是衡量项目财务内部收益率的基准值，是项目财务可行性和方案比选的主要判据。财务基准收益率反映投资者对项目占用资金的时间价值的判断，应是投资者对于项目最低可接受的财务收益率。

财务基准收益率的测定应符合下列规定：

1）政府投资项目及按政府要求进行经济评价的项目采用的财务基准收益率，应根据政府的政策导向进行确定。

2）项目产出物（或服务）价格由政府进行控制和干预的项目，财务基准收益率需要结合国家在一定时期的发展战略规划、产业政策、投资管理规定、社会经济发展水平和公众承受能力等因素，权衡效率与公平、局部与整体、当前与未来、受益群体与受损群体等得失利弊，区分不同行业投资项目的实际情况，结合政府资源、宏观调控意图、履行政府职能等因素综合测定。

3）企业投资等项目经济评价中参考选用的财务基准收益率，应在分析一定时期内国家和行业发展规划、产业政策、资源供给、市场需求、资金时间价值、项目目标等情况的基础上，结合行业特点、行业资本构成情况等因素综合测定。

4）境外投资项目财务基准收益率的测定，应首先考虑国家风险因素。

5）投资者自行测定项目最低可接受财务收益率的，应充分考虑项目资源的稀缺性、进出口情况、建设周期、市场变化速度、竞争情况、技术寿命、资金来源等，并根据自身的发展战略和经营策略、具体项目特点与风险、资金成本、机会成本等因素综合测定。

国家行政主管部门统一测定并发布的行业财务基准收益率，在政府投资项目及按政府要求进行经济评价的项目中必须采用；在企业投资等项目的经济评价中可参考选用。

（2）计算期

项目经济评价的计算期包括建设期和运营期。建设期应参照工程项目的合理工期或建设进度计划合理确定；运营期应根据项目特点参照项目的合理经济寿命确定。计算现金流的时间单位一般采用年，也可采用其他常用的时间单位。

（3）财务分析判据参数

财务分析判据参数主要包括两类，即：判断项目盈利能力的参数和判断项目偿债能力的参数。

1）判断项目盈利能力的参数。判断项目盈利能力的参数主要包括：财务内部收益率（*FIRR*）、总投资收益率、项目资本金净利润率等指标的基准值或参考值。

2）判断项目偿债能力的参数。判断项目偿债能力的参数主要包括：利息备付率、偿债备付率、资产负债率、流动比率、速动比率等指标的基准值或参考值。

国家有关部门发布的供项目财务分析使用的总投资收益率、项目资本金净利润率、利息备付率、偿债备付率、资产负债率、项目计算期、折旧年限、有关费率等指标的基准值或参考值，在各类工程项目经济评价中可参考选用。

3. 财务分析内容

财务分析应在项目财务效益与费用估算的基础上进行。对于经营性项目，应通过编制财务分析报表，计算财务指标，分析项目的盈利能力、偿债能力和财务生存能力，判断项目的财务可接受性，明确项目对财务主体及投资者的价值贡献，为项目决策提供依据。对于非经营性项目，应主要分析项目的财务生存能力。

（1）经营性项目财务分析

财务分析可分为融资前分析和融资后分析，一般宜先进行融资前分析，在融资前分析结论满足要求的情况下，初步设定融资方案，再进行融资后分析。在项目建议书阶段，可只进行融资前分析。融资前分析应以动态分析（考虑资金的时间价值）为主，静态分析（不考虑资金的时间价值）为辅。

1）融资前分析。融资前动态分析应以营业收入、建设投资、经营成本和流动资金的估算为基础，考察整个计算期内的现金流入和现金流出，编制项目投资现金流量表，利用资金时间价值的原理进行折现，计算项目投资内部收益率和净现值等指标。融资前分析排除了融资方案变化的影响，从项目投资总获利能力角度，考察项目方案设计的合理性。融资前分析计算的相关指标，应作为初步投资决策与融资方案研究的依据和基础。

根据分析角度不同，融资前分析可选择计算所得税前指标和（或）所得税后指标。融资前分析也可计算静态投资回收期（P_0）指标，用以反映收回项目投资所需要的时间。

2）融资后分析。融资后分析应以融资前分析和初步融资方案为基础，考察项目在拟定融资条件下的盈利能力、偿债能力和财务生存能力，判断项目方案在融资条件下的可行性。融资后分析用于比选融资方案，帮助投资者作出融资决策。融资后的盈利能力分析应包括动态分析和静态分析。

①动态分析。动态分析包括两个层次：a. 项目资本金现金流量分析，应在拟定的融资方案下，从项目资本金出资者整体角度，确定其现金流入和现金流出，编制项目资本金现金流量表，利用资金时间价值的原理进行折现，计算项目资本金财务内部收益率指标，考察项目资本金可获得的收益水平；b. 投资各方现金流量分析，应从投资各方实际收入和支出角度，确定其现金流入和现金流出，分别编制投资各方现金流量表，计算投资各方的财务内部收益率指标，考察投资各方可能获得的收益水平。当投资各方不按股本比例进行分配或有其他不对等的收益时，可选择进行投资各方现金流量分析。

②静态分析。静态分析是指不采取折现方式处理数据，依据利润与利润分配表计算项目资本金净利润率（ROE）和总投资收益率（ROI）指标。静态盈利能力分析可根据项目的具体情况选做。

盈利能力分析的主要指标包括项目投资财务内部收益率和财务净现值、项目资本金财务内部收益率、投资回收期、总投资收益率、项目资本金净利润率等，可根据项目的特点及财务分析的目的、要求等选用。

进行项目财务生存能力分析，应在财务分析辅助表和利润与利润分配表的基础上编制财务计划现金流量表，通过考察项目计算期内的投资、融资和经营活动所产生的各项现金流入和流出，计算净现金流量和累计盈余资金，分析项目是否有足够的净现金流量维持正常运营，以实现财务可持续性。财务可持续性首先应体现在有足够大的经营活动净现金流量；其次，各年累计盈余资金不应出现负值。若出现负值，应进行短期借款，同时分析该短期借款的年份长短和数额大小，进一步判断项目财务生存能力。短期借款应体现在财务计划现金流量表中，其利息应计入财务费用。为维持项目正常运营，还应分析短期借款的可靠性。

（2）非经营性项目财务分析

对于非经营性项目，财务分析可按下列要求进行：

1）对没有营业收入的项目，不进行盈利能力分析，主要考察项目财务生存能力。此类项目通常需要政府长期补贴才能维持运营，应合理估算项目运营期各年所需的政府补贴数额，并分析政府补贴的可能性与支付能力。对有债务资金的项目，还应结合借款偿还要求进行财务生存能力分析。

2）对有营业收入的项目，财务分析应根据收入抵补支出的程度，区别对待。收入补偿费用的顺序应为：补偿人工、材料等生产经营耗费、缴纳流转税、偿还借款利息、计提折旧和偿还借款本金。有营业收入的非经营性项目可分为下列两类：a. 营业收入在补偿生产经营耗费、缴纳流转税、偿还借款利息、计提折旧和偿还借款本金后尚有盈余，表明项目在财务上有盈利能力和生存能力，其财务分析方法与一般项目基本相同；b. 对一定时期内营业收入不足以补偿全部成本费用，但通过在运行期内逐步提高价格（收费）水平，可实现其设定的补偿生产经营耗费、缴纳流转税、偿还借款利息、计提折旧、偿还借款本金的目标，并预期在中长期产生盈余的项目，可只进行偿债能力分析和财务生存能力分析。由于项目运营前期需要政府在一定时期内给予补贴以维持运营，因此，应估算各年所需的政府补贴数额，并分析政府在一定时期内可能提供财政补贴的能力。

3.3.3 经济分析

经济分析主要是通过经济费用效益对项目进行评价，作为决策依据。

1. 经济分析范围

对于财务价格扭曲，不能真实反映项目产出的经济价值，财务成本不能包含项目对资源的全部消耗，财务效益不能包含项目产出的全部经济效果的项目，需要进行经济费用效益分析。具体而言，应进行经济费用效益分析的项目有：①具有垄断特征的项目；②产出具有公共产品特征的项目；③外部效果显著的项目；④资源开发项目；⑤涉及国家经济安全的项目；⑥受过度行政干预的项目。

2. 经济费用效益识别和计算

（1）经济费用效益的识别

经济费用和效益可直接识别，也可通过调整财务费用和财务效益得到。经济费用效益识别应符合下列要求：

1）遵循"有无对比"原则；

2）对项目所涉及的所有成员及群体的费用和效益进行全面分析；

3）正确识别正面和负面外部效果，防止误算、漏算或重复计算；

4）合理确定效益和费用的空间范围和时间跨度；

5）正确识别和调整转移支付，根据不同情况区别对待。

（2）经济费用效益的计算

经济费用的计算应遵循机会成本原则；经济效益的计算应遵循支付意愿（WTP）和（或）接受补偿意愿（WTA）原则。经济费用和经济效益应采用影子价格计算，具体包括货物影子价格、影子工资、影子汇率等。

1）对于效益表现为费用节约的项目，应根据"有无对比"分析，计算节约的经济费用，计入项目相应的经济效益。

2）对于表现为时间节约的运输项目，其经济价值应采用"有无对比"分析方法，根据不同人群、货物、出行目的等区别情况计算时间节约价值：根据不同人群及不同出行目的对时间的敏感程度，分析受益者为得到这种节约所愿意支付的货币数量，测算出行时间节约的价值。根据不同货物对时间的敏感程度，分析受益者为得到这种节约所愿意支付的价格，测算其时间节约的价值。

3）外部效果是指项目产出或投入无意识地给他人带来费用或效益，且项目却没有为此付出代价或为此获得收益。为防止外部效果计算扩大化，一般应只计算一次相关效果。

环境及生态影响是经济费用效益分析必须加以考虑的一种特殊形式的外部效果，应尽可能对项目所带来的环境影响进行量化和货币化，将其列入经济现金流。环境及生态影响的效益和费用，应根据项目的时间范围和空间范围、具体特点、评价深度要求及资料占有情况，采用适当的评估方法与技术对环境影响的外部效果进行识别、量化和货币化。

3. 经济费用效益分析

经济费用效益分析应采用以影子价格体系为基础的预测价格，不考虑价格总水平变动因素。项目经济费用效益分析采用社会折现率对未来经济效益和经济费用流量进行折现。项目的所有效益和费用（包括不能货币化的效果）一般均应在共同的时点基础上予以折现。

经济费用效益分析可在直接识别估算经济费用和经济效益的基础上，利用表格计算相关指标；也可在财务分析的基础上将财务现金流量转换为经济效益与费用流量，利用表格计算相关指标。如果项目经济费用和效益能够进行货币化，应在费用效益识别和计算的基础上，编制经济费用效益流量表，计算经济费用效益分析指标，分析项目投资的经济效益，具体可以采用经济净现值（$ENPV$）、经济内部收益率（$EIRR$）、经济效益费用比（RBC）等指标。

在完成经济费用效益分析之后，应进一步分析对比经济费用效益与财务现金流量之间的差异，并根据需要对财务分析与经济费用效益分析结论之间的差异进行分析，找出受益或受损群体，分析项目对不同利益相关者在经济上的影响程度，并提出改进资源配置效率及财务生存能力的政策建议。

对于费用和效益可货币化的项目，应采用上述经济费用效益分析方法。对于效益难以货币化的项目，应采用费用效果分析方法；对于效益和费用均难以量化的项目，应进行经济费用效益定性分析。

复习思考题

1. 项目策划决策阶段造价管理内容有哪些？
2. 项目构思策划和实施的内容分别有哪些？项目策划的作用有哪些？
3. 项目策划多方案比选方法有哪些？
4. 项目投融资方案应包括哪些内容？
5. 国际上项目可行性研究分几个阶段？各阶段工作内容有哪些？
6. 我国目前的项目审批制度有哪些？
7. 项目投资估算审查内容和方法有哪些？
8. 项目财务分析和经济分析的异同有哪些？

4

设计阶段造价管理

【学习目标】

设计阶段是分析处理工程技术与经济关系的关键环节，也是有效控制工程造价的重要阶段。设计阶段对建设工程最终造价的影响仅次于策划决策阶段。在工程设计阶段，首先要通过设计方案竞赛及设计招标投标，优选设计方案及设计单位，在此基础上通过限额设计，处理好工程技术先进性与经济合理性之间的关系。

设计阶段造价管理主要体现在设计方案竞赛及设计招标投标、限额设计及方案优化、设计文件及概预算审查等阶段。在初步设计阶段，要按照可行性研究报告及投资估算进行多方案技术经济分析比较，确定初步设计方案，审查工程概算；在施工图设计阶段，要按照审批的初步设计内容、范围和概算进行技术经济分析评价，提出设计优化建议，确定施工图设计方案；审查施工图预算。设计阶段进行工程造价管理的主体并非只有建设单位（业主）和设计单位，造价咨询单位通过提供造价咨询服务，可加强建设单位（业主）与设计单位的沟通和交流。在工程总承包模式下，工程总承包单位也是设计阶段工程造价管理的重要主体之一。基于传统的DBB（设计—招标—建造）模式，设计阶段造价管理主要内容如图4-1所示。

图 4-1   设计阶段造价管理主要内容

通过学习本章，应掌握如下内容：

（1）设计方案竞赛及设计招标投标；

（2）限额设计及方案优化；

（3）概预算文件审查。

4.1   设计方案竞赛及设计招标投标

开展设计方案竞赛的目的是使建设单位能够获得技术先进、设计合理、满足限额要求的设计方案，同时，也能结合设计方案竞赛优选设计单位。设计招标投标的主要目的是优选设计单位。

4.1.1   设计方案竞赛

1. 设计方案竞赛程序

设计方案竞赛是指由建设单位（业主）或其委托的咨询单位编制设计方案竞赛任务书，然后邀请设计单位编制和提交设计方案，由建设单位（业主）组织专家评审设计方案、确定中选方案及设计单位的过程。设计方案竞赛程序如图4-2所示。

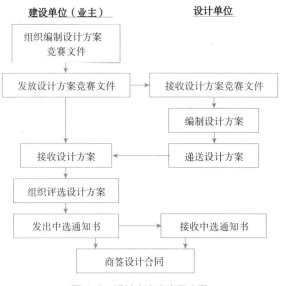

图 4-2   设计方案竞赛程序图

2. 设计方案评审

为取得良好的竞赛效果，获得理想的设计方案，必须充分重视设计方案竞赛的组织工作。设计方案评审是设计方案竞赛中最重要的环节，对参与评审的人员素质有很高要求，一般应由建筑、规划、工程经济等领域的知名专家来担任。

（1）设计方案评审原则

设计方案评审原则主要包括：设计方案应处理好经济合理性与技术先进性之间的关系；必须从建设工程全寿命期出发，兼顾建设与使用，并考虑工程质量、造价、工期、安全和环保等要素；必须兼顾近期与远期要求。

（2）设计方案评审内容

设计方案评审内容主要包括：各设计方案是否满足设计方案竞赛条件、是否符合设计方案竞赛任务书要求、是否符合有关工程设计与施工要求。对于总平面设计，主要考虑建筑系数、土地利用系数、工程量指标等是否合规、合理；对于空间平面设计，主要考虑工程造价、建设工期、主要实物工程量、建筑面积、材料消耗指标、用地指标等是否经济合理；对于建筑设计，主要考虑单位面积造价、建筑周长与建筑面积比、展开面积、有效面积与建筑面积比等是否经济合理。

（3）设计方案评审方法

设计方案评审方法主要包括：多指标评价法、价值工程法等。多指标评价法是指对设计方案设定若干评价指标并按其重要程度分配权重，然后对各指标进行打分，将各指标所得分数与其权重相乘并汇总，得出各设计方案总分，以总分最高者为最佳方案。价值工程法着眼于设计方案的功能分析，以价值为主要评比标准，研究如何以最低全寿命期成本，可靠地实现建设工程必要功能。这里的价值是指设计方案所具有的功能与获得这些功能的全寿命期成本之比，建设工程全寿命期成本包括工程建设期的一次性投资和建成后的日常运营成本。

总之，设计方案的好坏会对建设工程造价管理产生重要影响，好的设计方案可以为工程造价管理奠定良好基础，而设计方案竞赛是形成合理、可行设计方案的有效途径。由此可见，实行设计方案竞赛是实现工程造价管理目标的重要手段。

4.1.2　设计招标投标

工程设计质量对于工程造价水平乃至工程建设成功与否具有十分重要的意义，而通过招标投标竞争机制选择优秀的设计单位，是确保工程设计质量的重要前提，也是有效控制工程造价的有效途径和手段。

所谓设计招标投标，是指建设单位通过招标公告或投标邀请书方式发布设计招标信息及设计单位资格要求，有意提供设计服务的单位通过递交投标文件参与竞争，最终由建设单位组织评审确定中标单位，并签订工程设计合同的过程。

1. 招标投标程序

按照招标投标相关法律法规规定，设计招标有公开招标和邀请招标两种方式，其实施程序基本相同，只是公开招标需要发布招标公告，并进行资格预审；而邀请招标需要发送投标邀请书。设计招标投标程序如图4-3所示。

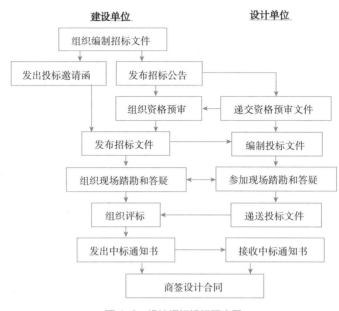

图4-3　设计招标投标程序图

2. 招标投标文件内容

（1）招标文件内容

招标文件是指导设计单位进行正确投标的依据，也是对投标单位提出要求的文件。为了使投标单位能够正确地进行投标，招标文件应包括以下几方面内容：

1）投标须知：包括工程名称、地址、占地范围、建设规模等。

2）设计依据文件：包括经批准的项目可行性研究报告及有关审批文件的复印件。

3）项目说明书：包括对工程内容，工程建设投资限额，设计范围和深度，图纸内容、张数和图幅，建设周期和设计进度等要求。

4）拟签订合同的主要条款和要求。

5）设计基础资料：包括可供参考的工程地质、水文地质、工程测量等勘察成果报告；供水、供电、供气、供热、环保、市政道路等方面的基础资料；规划控制条件和用地红线图；设计文件审查方式等。

6）招标文件答疑、组织现场踏勘和召开标前会议的时间和地点。

7）投标文件送达截止时间。

8）投标文件编制要求及评标原则。

9）招标可能涉及的其他有关内容。

（2）投标文件内容

投标单位应当按照招标文件要求编制投标文件，投标文件加盖单位公章密封后在规定时间内递送给招标单位。设计投标文件一般应包括以下几方面内容：

1）设计综合说明书。对总体方案构思意图作详尽的文字阐述，并列出技术经济指标（对建筑工程而言，包括：总用地面积、总建筑面积、建筑占地面积、建筑总层数、总高度、建筑容积率、覆盖率、道路广场铺砌面积、绿化面积、绿化率、建筑环境与设备主要系统及其组成等）。

2）设计内容及图纸（可以是总体平面布置图，单体工程的平面、立面、剖面，透视渲染表现图等，必要时可提供模型或沙盘）。

3）工程投资估算和经济分析。投资估算文件包括估算编制说明及投资估算表；经济分析一般是指财务评价。

4）工程建设工期。

5）主要施工技术要求和施工组织方案。

6）设计进度计划及质量保证体系。

7）设计费报价。

8）设计服务承诺。

3. 评标

评标是指在满足招标文件实质性要求的基础上，对投标文件进行总体评估和比较，最终选出中标者的过程。评标应以"充分体现公平竞争、优胜劣汰"为原则。评标由评标委员会负责，评标委员会由招标单位代表和有关专家组成。评标委员会一般由5人以上单数组成，其中，技术方面的专家不得少于成员总数的2/3。

（1）评标内容

设计评标时需评审的内容虽然有很多，但应侧重评审以下内容：

1）设计方案优劣。对设计总说明和设计图纸等进行评审，主要包括以下内容：设计指导思想是否正确；设计依据是否可靠、准确、充分；计算分析报告是否完备、准确；拟进行的研究试验项目论证是否充分；工程关键部位的技术处理及构造是否可靠、安全；设计方案是否反映了国内外同类工程项目的先进水平；总体布置及场地利用是否合理；设备选型是否适用；主要建筑物、构筑物结构是否合理，造型是否美观大方，布局是否与周围环境协调；设计方案对施工及使用安全性的考虑是否充分；"三废"治理方案是否有效等。

2）投入产出和经济效益好坏。对工程造价、设计费报价等进行评审。主要涉及以下几方面：建设标准是否合理；投资估算是否超过投资限额；设计方案的实施能否获得经济效益；设计取费是否合理等。

3）设计进度快慢及设计质量保证体系的完备性。评审设计进度计划，分析判断其能否满足招标单位实施工程项目总体进度计划的需求。此外，还应对设计质量保证体系进行评审，评价设计质量保证体系的完备性。

4）设计资历和社会信誉。对于没有设置资格预审程序的邀请招标，在评标时还应对设计单位的资历和社会信誉进行评审，包括近年来已完成的设计项目情况、正在承担的设计项目情况、拟从事本项目设计的人员资格和能力等。

5）设计服务承诺。评审设计单位对设计阶段的服务承诺，以及在工程施工、竣工验收等阶段的后续服务承诺。

（2）评标报告

评标委员会应当按照招标文件要求，对设计投标文件进行比选评价后，向招标单位推荐1~3个中标候选单位，并向招标单位提交书面评标报告。招标单位根据评标委员会的评标报告和推荐的中标候选单位确定中标单位，也可委托评标委员会直接确定中标单位。

4.2　限额设计及方案优化

4.2.1　限额设计

限额设计是指按照批准的可行性研究报告中的投资限额进行初步设计、按照批准的初步设计概算进行施工图设计、按照施工图预算编制各个专业施工图设计文件的过程。

限额设计中，工程使用功能不能减少，技术标准不能降低，工程规模也不能削减。因此，限额设计需要在投资额度不变的情况下，实现使用功能和建设规模最大化。限额设计是工程造价控制系统中的一个重要环节，是在工程设计阶段进行技术经济分析、实施工程造价控制的一项重要措施。

1. 限额设计工作内容

（1）合理确定设计限额目标

工程项目策划决策阶段是限额设计的关键。对政府工程而言，项目策划决策阶段可行性研究报告是政府部门核准投资总额的主要依据，而批准的投资总额则是进行限额设计的重要依据。为此，应在多方案技术经济分析评价后确定最终方案，提高投资估算准确度，合理确定设计限额目标。

（2）提出合理的初步设计方案

初步设计需要依据最终确定的可行性研究方案和投资估算，对影响投资的因素进行分析，并按照专业将规定的投资限额进行分解，下达到各专业设计人员。设计人员应用价值工程原理，通过多方案技术经济比选，创造出价值较高、技术经济性较为合理的初步设计方案，并将设计概算控制在批准的投资估算内。

（3）在概算范围内进行施工图设计

施工图设计文件是设计单位的最终成果文件，应按照批准的初步设计方案进行限额设计，施工图预算需控制在批准的设计概算范围内。

2. 限额设计实施程序

限额设计强调技术与经济的统一，需要工程设计人员和工程造价管理专业人员密切合作。工程设计人员进行设计时，应基于建设工程全寿命期，充分考虑工程造价影响因素，对方案进行分析比较，优化设计；工程造价管理专业人员要及时进行概预算，在设计过程中进行技术经济分析和论证，从而达到有效控制工程造价的目的。

限额设计的实施是工程造价目标的动态反馈和管理过程，可分为确定目标、限额分解、分层控制和成果评价四个阶段。

（1）确定目标

限额设计目标包括：造价目标、质量目标、进度目标、安全目标及环保目标。各个目标之间既相互关联又相互制约，因此，在分析论证限额设计目标时，应统筹兼顾、全面考虑，追求技术经济合理的最佳整体目标。

（2）限额分解

分解工程造价目标是实行限额设计的一个有效途径和主要方法。首先，将上一阶段确定的投资额分解到建筑、结构、电气、给水排水和暖通等设计部门各个专业。其次，将投资限额再分解到各单项工程、单位工程、分部工程及分项工程。在目标分解过程中，要对设计方案进行综合分析与评价。最后，将各细化的目标明确到相应设计人员，制定明确的限额设计方案。通过层层目标分解和限额设计，实现对投资限额的有效控制。

（3）分层控制

分层控制通常包括限额初步设计和限额施工图设计两个阶段。

1）限额初步设计阶段。该阶段应严格按照分配的工程造价控制目标进行方案的规划和设计。在初步设计方案完成后，由工程造价管理人员及时编制初步设计概算，并进行初步设计方案的技术经济分析，直至满足限额要求。初步设计只有在满足各项功能要求并符合限额设计目标的情况下，才能作为下一阶段的限额目标给予批准。

2）限额施工图设计阶段。该阶段应遵循"各目标协调并进"的原则，做到各目标之间的有机结合和统一，避免出现侧重追求某一目标而忽视其他目标的情形。施工图设计完成后，进行施工图设计的技术经济论证，分析施工图预算是否满足设计限额要求，以供设计决策者参考。

（4）成果评价

成果评价是限额设计目标管理的总结阶段。通过评价设计成果，总结经验和教训，作为指导和开展后续工作的重要依据。

值得指出的是，当考虑建设工程全寿命期成本时，按照限额要求设计的方案未必具有最佳经济性，此时亦可考虑突破原有投资限额，重新选择设计方案。

4.2.2 设计方案评价与优化

设计方案评价与优化是设计过程的重要环节，是指通过技术比较、经济分析和效益评价，正确处理技术先进与经济合理之间的关系，力求达到技术先进与经济合理的和谐统一。

设计方案评价与优化通常采用技术经济分析法，即将技术与经济相结合，按照建设工程经济效果，针对不同设计方案，分析其技术经济指标，从中选出经济效果最优的方案。由于设计方案不同，其功能、造价、工期和设备、材料、人工消耗等标准均存在差异，因此，技术经济分析法不仅要考察工程技术方案，更要关注工程费用。

1. 基本程序

设计方案评价与优化的基本程序如下：

（1）按照使用功能、技术标准、投资限额要求，结合工程所在地实际情况，探讨和建立可能的设计方案；

（2）从所有可能的设计方案中初步筛选出各方面都较为满意的方案作为比选方案；

（3）根据设计方案评价目的，明确评价任务和范围；

（4）确定能反映方案特征并能满足评价目的的指标体系；

（5）计算设计方案各项指标及对比参数；

（6）根据方案评价的目的，将方案的分析评价指标分为基本指标和主要指标，通过评价指标的分析计算，按优劣排出设计方案次序，并提出推荐方案；

（7）进行综合分析，确定优选方案或提出技术优化建议；

（8）实施优化方案并进行总结。

在设计方案评价与优化过程中，建立合理的指标体系，并采取有效的评价方法进行方案优化是最基本和最重要的工作内容。

2. 评价指标体系

设计方案评价指标是方案评价与优化的衡量标准，对于技术经济分析的准确性和科学性具有重要作用。内容严谨、标准明确的指标体系，是对设计方案进行评价与优化的基础。

评价指标应能充分反映工程项目满足社会需求的程度，以及为取得使用价值所需投入的社会必要劳动和社会必要消耗量。因此，评价指标体系应包括以下内容：

（1）使用价值指标，即工程项目满足需要程度（功能）的指标；

（2）消耗量指标，即反映创造使用价值所消耗的资金、材料、劳动量等资源的指标；

（3）其他指标。

对于建立的指标体系，可按指标的重要程度设置主要指标和辅助指标，并选择主要指标进行分析比较。

3. 评价方法

设计方案评价方法主要有多指标法、单指标法及多因素评分法。

（1）多指标法

多指标法是指采用多个评价指标，对各比选方案进行分析评价。评价指标包括：

1）工程造价指标。工程造价指标是指反映建设工程一次性投资的综合货币指标，根据分析和评价工程项目所处的时间段不同，可依据设计概（预）算予以确定。例如：每平方米建筑造价或每公里造价、给水排水工程造价、采暖工程造价、通风工程造价、设备安装工程造价等。

2）主要材料消耗指标。从实物形态角度反映主要材料消耗数量，如钢材消耗量指标、水泥消耗量指标、木材消耗量指标等。

3）劳动消耗指标。劳动消耗指标包括现场施工和预制加工厂的劳动消耗。

4）工期指标。工期指标是指建设工程从开工到竣工所耗费的时间，可用来评价不同设计方案对工期的影响。

可根据工程项目的具体特点来选择上述指标。从建设工程全面造价管理角度考虑，仅考虑上述四类指标还不能完全满足设计方案评价需求，还需要考虑建设工程全寿命期成本，并考虑工期成本、质量成本、安全成本及环保成本等诸多因素。

在采用多指标法对不同设计方案进行分析和评价时，如果某一方案的所有指标都优于其他方案，则该方案为最佳方案；如果各个方案的其他指标都相同，只有一个指标相互之间有差异，则该指标最优的方案即为最佳方案。对于优选决策来说，这两种情况都比较简单。但在工程实践中的大多数情况下，不同方案之间往往是各有所长，有些指标较优，有些指标较差，而且各种指标对设计方案经济效果的影响也不相同。这时，若采用加权求和的方法，各指标的权重又很难确定，因而需要采用诸如单指标法等分析评价方法。

（2）单指标法

单指标法是以单一指标为基础对建设工程技术方案进行综合分析和评价的方法。单指标法有很多种，各种方法的使用条件也不尽相同，较常用的有以下几种：

1）综合费用法。这里的费用包括建设投资、方案投产后的年度使用费以及由于工期提前或延误而产生的收益或亏损等。综合费用法的基本出发点在于将建设投资和使用费结合起来考虑，同时考虑建设周期对投资效益的影响，以综合费用最小为最佳方案。综合费用法是一种静态价值指标评价方法，没有考虑资金的时间价值，只适用于建设周期较短的工程。此外，由于综合费用法只考虑费用，未能反映不同设计方案在功能、质量、安全、环保等方面的差异，因而只有在方案的功能、建设标准等条件相同或基本相同时才能采用。

2）全寿命期费用法。建设工程全寿命期费用除包括筹建、征地拆迁、咨询、勘察、设计、施工、设备购置及贷款利息支付等与工程建设有关的一次性投资费用外，还包括工程完成后交付使用期内经常发生的费用支出，如维修费、设施更新费、采暖费、电梯费、空调费、保险费等。这些费用统称为使用费，按年计算时称为年度使用费。全寿命期费用评价法考虑资金的时间价值，是一种价值指标的动态评价方法。由于不同技术方案的寿命期不同，因此，采用全寿命期费用法计算费用时，不用净现值法，而用年度等值法，以年度费用最小者为最优方案。

3）价值工程法。价值工程法主要是对产品进行功能分析，研究如何以最低的全寿命期成本实现产品的必要功能，从而提高产品价值。在工程施工阶段应用价值工程法来提高建设工程价值的作用是有限的。要使建设工程的价值能够大幅提高，获得较高的经济效益，必须首先在设计阶段应用价值工程法，使建设工程的功能与成本合理匹配。也就是说，在工程设计中应用价值工程的原理和方法，在保证建设工程功能不变或功能改善的情况下，力求节约成本，以设计出更加符合用户要求的产品。

在工程设计阶段应用价值工程对设计方案进行评价的步骤如下：

①功能分析。分析工程项目满足社会和生产需要的各主要功能。

②功能评价。比较各项功能的重要程度，确定各项功能的重要性系数。功能重要性系数通常采用打分法来确定。

③计算功能评价系数（F）。功能评价系数计算公式为：

功能评价系数 = 方案功能满足程度总分 / 所有参加评选方案功能满足程度总分之和

$$(4-1)$$

④计算成本系数（C）。成本系数参照下列公式计算：

成本系数 = 方案每平方米造价 / 所有评选方案每平方米造价之和   （4-2）

⑤求出价值系数（V）并对方案进行评价。按 $V = F / C$ 分别求出各方案的价值系数，价值系数最大的方案即为最优方案。

价值工程在工程设计中的运用过程实际上是发现矛盾、分析矛盾和解决矛盾的过程。具体地说，就是分析功能与成本之间的关系，以提高建设工程价值系数。工程设计要以提高工程价值为目标，以功能分析为核心，以经济效益为出发点，从而真正实现对设计方案的优化。

4）多因素评分法。多因素评分法是多指标法与单指标法相结合的一种方法。对需要进行分析评价的设计方案设定若干评价指标，按其重要程度分配权重，然后按照评价标准给各指标打分，将各项指标所得分数与其权重采用综合方法整合，得出各设计方案的评价总分，以获总分最高者为最佳方案。多因素评分优选法综合了定量分析评价与定性分析评价的优点，可靠性高、应用较广泛。

4. 方案优化

方案优化是使设计质量不断提高的有效途径，可在设计招标或设计方案竞赛的基础上，将设计方案进行组合优化或专项优化。组合优化是指将各设计方案的可取之处进行重新组合，吸收众多设计方案的优点，使设计更加完美。专项优化是指针对已确定的设计方案，综合考虑工程质量、造价、工期、安全和环保五大目标，基于全面造价管理的理论和方法，对已确定设计方案的进一步优化。

工程项目五大目标之间的整体相关性，决定了设计方案优化必须考虑工程质量、造价、工期、安全和环保五大目标之间的最佳匹配，力求达到整体目标最优，而不能孤立、片面地考虑某一目标或强调某一目标而忽略其他目标。在保证工程质量和安全、保护环境的基础上，追求全寿命期成本最低的设计方案。

4.3 概预算文件审查

概预算文件是确定工程造价的文件，是工程建设全过程造价控制、考核工程项目经济合理性的重要依据，因此，审查概预算文件在工程造价管理中具有非常重要的作用。

4.3.1 设计概算审查

设计概算审查是确定工程造价的重要环节。通过审查，能使概算更加完整、准确，能促进工程设计的技术先进性和经济合理性。

1. 设计概算审查内容

设计概算审查主要包括：概算编制依据、概算编制深度及概算主要内容三方面。

（1）设计概算编制依据审查

1）审查编制依据的合法性。设计概算采用的编制依据应符合概算编制的有关规定。同时，不得擅自提高概算定额、指标或费用标准。

2）审查编制依据的时效性。设计概算文件所使用的各类依据，如定额、指标/指数、价格、取费标准等，都应符合相关规定。

3）审查编制依据的适用范围。各类定额及取费标准有其适用的地区及专业工程范围，不能超范围或跨地区套用定额及取费标准。

（2）设计概算编制深度审查

1）审查编制说明。审查设计概算编制方法、深度和编制依据等重大原则性问题。

2）审查设计概算编制的完整性。审查设计概算是否具有完整的编制说明和三级设计概算文件（总概算、综合概算、单位工程概算），是否达到规定的深度。

3）审查设计概算的编制范围。审查内容包括：设计概算编制范围和内容是否与批准的工程项目范围相一致；各费用项是否符合法律法规及工程建设标准；是否存在多列或遗漏的取费项目等。

（3）设计概算主要内容审查

1）概算编制是否符合法律法规及相关规定。

2）概算所涉及的工程建设规模和建设标准、配套工程等是否符合批准的可行性研究报告。对总概算投资超过批准投资估算10%以上的，应进行技术经济论证，重新上报审批。

3）概算所采用的编制方法、计价依据和程序是否符合相关规定。

4）概算工程量是否准确。重点审查工程量较大、造价较高、对整体造价影响较大的项目。

5）概算中主要材料用量的准确性和材料价格是否符合工程所在地价格水平，材料价差调整是否符合相关规定等。

6）概算中设备规格、数量、配置是否符合设计要求，设备原价和运杂费是否准确；非标准设备原价计算方法是否符合规定；进口设备各项费用组成及计算程序、方法是否符合规定。

7）概算中各项费用的计取程序和取费标准是否符合相关规定。

8）总概算文件的组成内容是否完整地包括拟建工程从筹建至竣工投产的全部费用组成。

9）综合概算、总概算的编制内容、方法是否符合相关规定和设计文件要求。

10）概算中工程建设其他费用的费率和计取标准是否符合有关规定。

11）概算项目是否符合国家关于环境保护的相关要求和规定。

12）技术经济指标的计算方法和程序是否正确。

2. 设计概算审查方法

采用适当方法对设计概算进行审查，是确保审查质量、提高审查效率的关键。常用的设计概算审查方法有以下几种。

（1）对比分析法

通过对比分析建设规模、建设标准、概算编制内容和编制方法、人材机单价等，发现设计概算中存在的主要问题和偏差。

（2）主要问题复核法

对审查中发现的主要问题及有较大偏差的设计进行复核，对重要、关键设备和生产装置或投资较大的项目进行复查。

（3）查询核实法

对一些关键设备和设施、重要装置及图纸不全、难以核算的较大投资进行多方查询核对，逐项落实。

（4）分类整理法

对审查中发现的问题和偏差，对照单项工程、单位工程的顺序目录分类整理，汇总核增或核减的项目及金额，最后汇总审核后的总投资及增减投资额。

（5）联合会审法

在设计单位自审、咨询单位评审、邀请专家预审等层层把关后，组织有关单位和专家共同审核。

4.3.2　施工图预算审查

对施工图预算进行审查，有利于核实工程实际成本，并更有针对性地控制工程造价。

1. 施工图预算审查内容

施工图预算重点应审查：工程量计算，定额使用，设备材料及人工、机械价格确定，相关费用的选取和确定。

（1）工程量审查

工程量计算是编制施工图预算的基础性工作之一，对施工图预算的审查应首先从审查工程量开始。

（2）定额使用的审查

应重点审查定额套用是否正确。同时，对于补充的定额子目，要对其各项指标消耗量的合理性进行审查。

（3）设备材料及人工、机械价格审查

设备材料及人工、机械价格受时间、资金和市场行情等因素的影响较大，且在工程总造价中所占比例较高，因此，应作为施工图预算审查的重点。

（4）相关费用审查

审查各项费用选取是否符合有关规定，审查费用的计算和计取基数是否正确合理。

2. 施工图预算审查方法

施工图预算审查通常可采用以下方法。

（1）全面审查法

全面审查法又称逐项审查法，是指按预算定额顺序或施工的先后顺序，逐一进行全部审查。其优点是全面、细致，审查质量高；缺点是工作量大，审查时间较长。

（2）标准预算审查法

标准预算审查法是指对于利用标准图纸或通用图纸施工的工程，先集中力量编制标准预算，然后以此为标准对施工图预算进行审查。其优点是审查时间较短，审查效果好；缺点是应用范围较小。

（3）分组计算审查法

分组计算审查法是指将相邻且有一定内在联系的项目编为一组，审查某个分量，并利用不同量之间的相互关系判断其他几个分项工程量的准确性。其优点是可加快工程量审查速度；缺点是审查精度较差。

（4）对比审查法

对比审查法是指用已完工程的预结算或虽未建成但已审查修正的工程预结算对比审查拟建类似工程施工图预算。其优点是审查速度快，但同时需要具有较为丰富的相关工程数据库作为开展工作的基础。

（5）筛选审查法

筛选审查法也属于一种对比方法。即对数据加以汇集、优选、归纳，建立基本值，并以基本值为准进行筛选，对于未被筛下去的，即不在基本值范围内的数据进行较为详尽的审查。其优点是便于掌握，审查速度较快；缺点是有局限性，较适用于住宅工程或不具备全面审查条件的工程项目。

（6）重点抽查法

重点抽查法是指抓住工程预算中的重点环节和部分进行审查。其优点是重点突出，审查时间较短，审查效果较好；不足之处是对审查人员的专业素质要求较高，在审查人员经验不足或了解情况不够的情况下，极易造成判断失误，严重影响审查结论的准确性。

（7）利用手册审查法

利用手册审查法是指将工程常用的构配件事先整理成预算手册，按手册对照审查。

（8）分解对比审查法

分解对比审查法是指将一个单位工程按直接费和间接费进行分解，然后再将直接费按工种和分部工程进行分解，分别与审定的标准预结算进行对比分析。

复习思考题

1. 设计阶段造价管理内容有哪些？
2. 设计方案竞赛的主要目的和程序是什么？
3. 设计方案竞赛中评审设计方案的方法有哪些？
4. 设计招标方式有哪些？设计招标投标程序是什么？
5. 设计招标投标文件通常包括哪些内容？
6. 设计评标通常包括哪些内容？
7. 何谓限额设计？设计方案评价方法有哪些？
8. 设计概算审查的内容和方法有哪些？
9. 施工图预算审查的内容和方法有哪些？

5

发承包阶段造价管理

【学习目标】

　　发承包阶段是确定工程承包价格、形成施工阶段工程造价控制目标的主要阶段。为此，在发承包阶段做好工程造价管理，能够为施工合同价款确定和控制奠定坚实基础。同时，也能为减少或避免施工合同履行过程中的变更和索赔奠定基础。

　　建设单位可通过直接委托或招标方式委托工程施工任务。但根据招标投标法律法规，对于规定范围和规模标准内的工程项目，建设单位必须通过招标方式选择施工单位。因此，本章将基于招标方式介绍发承包阶段造价管理内容和方法，包括施工标段划分、合同计价方式选择、合同条款拟定、投标报价及评标等，发承包阶段造价管理主要内容如图5-1所示。

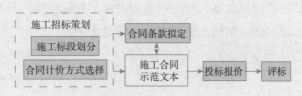

图 5-1　发承包阶段造价管理主要内容

通过学习本章，应掌握如下内容：

（1）施工招标策划；

（2）施工合同示范文本；

（3）施工投标报价与评标。

5.1　施工招标策划

5.1.1　施工招标方式和程序

1. 施工招标方式

工程施工招标有公开招标和邀请招标两种方式。

（1）公开招标

公开招标又称无限竞争性招标，是指招标单位按程序，通过报刊、广播、电视、网络等媒体发布招标公告，邀请具备条件的施工承包商投标竞争，然后从中确定中标者并与之签订施工合同的过程。

公开招标的优点是，招标单位可在较广范围内选择承包商，投标竞争激烈，择优率更高，有利于招标单位将工程项目交予可靠承包商实施，并获得有竞争性的商业报价，同时，也可在较大程度上避免招标过程中的贿标行为。因此，国际上政府采购通常采用这种方式。

公开招标的缺点是准备招标、对投标申请者进行资格预审和评标的工作量大，招标时间长、费用高。同时，参加竞争的投标者越多，中标的机会就越小；投标风险越大，损失的费用也就越多，而这种费用损失必然会反映在标价中，最终会由招标单位承担，因此，公开招标方式在有些国家较少采用。

（2）邀请招标

邀请招标也称有限竞争性招标，是指招标单位以投标邀请函形式邀请预先确定的若干家施工承包商投标竞争，然后从中确定中标者并与之签订施工合同的过程。

邀请招标的缺点是，由于投标竞争的激烈程度较差，有可能会提高中标合同价；也有可能排除某些在技术或报价上有竞争力的承包商参与投标。

2. 施工招标程序

公开招标与邀请招标在程序上的主要差异：一是使施工承包商获得招标信息的方式不同；二是对投标者资格审查的方式不同。但从程序上讲，公开招标与邀请招标均要经过招标准备、资格审查与投标、开标评标与授标三个阶段。

施工招标工作程序及内容见表5-1。

施工招标工作程序及内容   表 5-1

阶段	主要工作程序	主要工作内容	
		招标人	投标人
招标准备	申请批准、核准招标	将施工招标范围、招标方式、招标组织形式报项目审批、核准部门审批、核准	①进行市场调研 ②组成投标小组 ③收集招标信息 ④准备投标资料
	组建招标机构	自行建立招标组织或委托招标代理机构	
	策划招标方案	划分施工标段、选择合同类型	
	招标公告或投标邀请	①发布招标公告或发出投标邀请函 ②准备资格预审	
	编制标底或确定最高投标限价	编制标底或确定最高投标限价	
	准备招标文件	编制资格预审文件和招标文件	
招标过程	发售资格预审文件	发售资格预审文件	①索购资格预审文件 ②填报资格预审材料
	进行资格预审	①分析资格预审材料 ②提出合格投标单位名单 ③发出资格预审结果通知	接收资格预审结果通知
	发售招标文件	发售招标文件	①购买招标文件 ②分析招标文件
	组织踏勘现场、召开标前会议	组织现场踏勘和标前会议，进行招标文件的澄清和补遗	参加现场踏勘和标前会议，对招标文件提出质疑
	编制、递交和接收投标文件	接收投标文件（包括投标保函）	①编制投标文件 ②递交投标文件（包括投标保函）
决标成交	开标	组织开标会议	参加开标会议
	评标	①初步评审投标文件 ②详细评审投标文件 ③必要时组织投标单位答辩 ④编写评标报告	①按要求进行答辩 ②按要求提供证明材料
	授标	①发出中标通知书 ②组织合同谈判 ③签订合同	①接收中标通知书 ②参加合同谈判 ③提交履约保函 ④签订合同

5.1.2 施工标段划分及合同计价方式

1. 施工标段划分

工程施工是一个复杂系统工程，影响施工标段划分的因素有很多。应根据工程项目的内容、规模和专业复杂程度确定招标范围，合理划分标段。对于工程规模大、专业复杂的工程项目，建设单位管理能力有限时，应考虑采用施工总承包招标方式选择施工队伍。这样，有利于减少各专业之间因配合不当造成的窝工、返工、索赔风险。但采用这种承包方式，有可能使工程报价相对较高。对于工艺成熟的一般性项目，涉及专业不多时，可考虑采用平行承包招标方式，分别选择各专业承包单位并签订施工合同。采用这种承包方式，建设单位一般可得到较为满意的报价，有利于控制工程造价。

划分施工标段时，应考虑的因素包括：工程特点、对工程造价的影响、承包单位专长的发挥、工地管理等。

（1）工程特点

如果工程场地集中、工程量不大、技术不太复杂，由一家承包单位总包易于管理的，一般不再划分标段。但如果工地场面大、工程量大，有特殊技术要求，则应考虑划分为若干标段。

（2）对工程造价的影响

通常情况下，一项工程由一家施工单位总承包易于管理，同时便于劳动力、材料、设备调配，特别是管理费用相对较低，因而可得到较低造价。但对于大型、复杂工程项目，对承包单位的施工能力、施工经验、施工设备等有较高要求。在这种情况下，如果不划分标段，就可能使有资格参加投标的承包单位大大减少。工程的复杂性、竞争对手的减少，会造成承包单位的优势地位，必然会导致工程报价的上涨，反而得不到较为合理的报价。

（3）承包单位专长的发挥

工程项目是由单项工程、单位工程或专业工程组成，在考虑划分施工标段时，既要考虑不会产生各承包单位施工的交叉干扰，又要注意各承包单位之间在空间和时间上的衔接。

（4）工地管理

从工地管理角度看，划分标段时应考虑两方面问题：一是工程进度衔接；二是工地现场布置和干扰。工程进度衔接很重要，特别是工程网络计划中关键线路上的工作一定要选择施工水平高、能力强、信誉好的承包单位，以防止影响其他承包单位施工进度。从现场布置角度看，承包单位越少越好。划分标段时要对多个承包单位在现场的施工场地进行细致周密安排。

（5）其他因素

除上述因素外，还有许多其他因素影响施工标段划分，如建设资金、设计图纸供应等。资金不足、图纸分期供应时，可先进行部分招标。

总之，施工标段划分是选择招标方式和编制招标文件前的一项非常重要的工作，需要考虑上述因素综合分析后确定。

2. 合同计价方式

施工合同计价方式可分为三种，即：总价方式、单价方式和成本补酬方式。相应的施工合同也称为总价合同、单价合同和成本补酬合同。其中，成本补酬的计价方式又可根据酬金的计取方式不同，分为百分比酬金、固定酬金、浮动酬金和目标成本加奖罚四种计价方式。但是，需要说明的是，在一个合同中，也可能存在总价方式、单价方式或成本补酬方式计价组合的可能性。如，某工程中的土方工程可能采用总价方式计价，而精装修工程可能采用单价方式计价。

（1）总价合同

根据合同总价是否可调，总价合同又可分为固定总价合同和可调总价合同两类。

1）固定总价合同。施工单位按投标时建设单位接受的合同价格一笔包死。在合同履行过程中，建设单位没有要求变更原定承包内容的，承包商在完成承包任务后，不论其实际成本如何，均应按签约合同价获得工程款支付。

采用固定总价合同时，施工单位要考虑承担合同履行过程中的主要风险，因此在投标时会报较高的价格。固定总价合同一般适用于下列情形：

①招标时已有施工图设计文件，合同履行过程中不会出现较大设计变更，施工单位报价依据的工程量与实际完成的工程量不会有较大差异。

②工程规模较小、技术不太复杂的中小型工程或承包工作内容较为简单的工程部位，施工单位可在投标报价时合理地预见到施工过程中可能遇到的各种风险。

③合同期较短（一般为1年之内）的工程，合同双方可不必考虑市场价格浮动对承包价格的影响。

2）可调总价合同。根据合同价格调整方法不同，可调总价合同又可分为调值总价合同和固定工程量总价合同。

①调值总价合同。这种合同与固定总价合同基本相同，只是在固定总价合同的基础上，增加合同履行过程中因市场价格浮动对承包价格调整的条款。对于合同期较长（1年以上）的工程，不可能让施工单位在投标报价时合理地预见合同履行过程中市场价格浮动影响，因此，应在合同中明确约定合同价款的调整原则、方法和依据。常用的调价方法有：

a. 文件证明法。文件证明法是指在合同履行期间，当合同内约定的有关部门发布价格调整文件时，按文件规定调整合同价格。

b. 票据价格调整法。票据价格调整法是指在合同履行期间，施工单位依据实际采购的票据和用工量，向建设单位实报实销与报价单中所报基价的差额部分。这需要合同双方在合同条款中明确约定允许调整价格的内容和基价。

c. 公式调价法。常用的调价公式可概括为如下形式：

$$C=C_0\left(a_0+a_1\cdot M/M_0+a_2\cdot L/L_0+\cdots+a_n\cdot T/T_0-1\right) \qquad (5\text{-}1)$$

式中　C——合同价格调整后应予增加或扣减的金额；

　　　C_0——结算工程价款时，施工单位按合同约定计算的应得款；

M、L、T——分别代表合同约定允许调整价格项目的实际价格（如分别代表材料费、人工费、运输费、燃油费等）；分母带脚标"0"的，为签订合同时该项费用基价；分子项为支付结算价款时的基价；

　　　a_0——非调价因子的加权系数，即合同价格不受物价浮动影响或不允许调价部分在合同价格中所占比例；

a_1、a_2、…、a_n——对应于各有关调价项的加权系数，一般通过分解工程概算确定。各项加权系数之和应等于1，即：$a_0 + a_1 + a_2 + \cdots\cdots + a_n = 1$。

②固定工程量总价合同。在工程量报价单内，建设单位按单位工程及分项工作内容列出实施工作量，投标单位分别填报各项内容的直接费单价，然后再单列间接费、管理费、利润等项内容后算出总价，并据以签订合同。合同中原定工作内容全部完成后，建设单位按总价支付给施工单位全部合同价款。在施工合同履行过程中发生设计变更或增加工作内容的，则用合同中已确定的单价来计算新增工程量对应的工程价款，从而对合同总价进行调整。

（2）单价合同

单价合同是指投标单位按工程量清单中的分项工作内容填报单价，然后以实际完成工程量乘以所报单价计算工程价款的合同。投标单位填报的单价应为计及各种摊销费用后的综合单价，而非直接费单价。合同履行过程中无特殊情况，一般不得变更单价。

单价合同大多用于工期长、技术复杂、实施过程中发生各种不可预见因素较多的大型土建工程，以及建设单位为缩短工程建设周期，初步设计完成后就进行招标的工程。工程量清单中所列工程量为估计工程量，而非准确工程量。

常用的单价合同有以下三种形式：

1）估计工程量单价合同。投标单位在投标时以工程量报价单中开列的工作内容和估计工程量填报相应单价，将估计工程量与填报单价相乘后累加即可得到合同价。合同履行过程中以实际完成工程量乘以单价作为支付和结算依据。

这种合同较为合理地分担了合同履行过程中的风险。因为投标单位据以报价的清单工程量为初步设计估算的工程量，如果实际完成工程量与估计工程量有较大差异时，采用单价合同可以避免建设单位过大的额外支出或承包商的亏损。另外，施工单位在投标阶段不可能合理准确预见的风险可不必计入合同价，这样有利于建设单位取得较为合理的报价。按照合同工期长短不同，估计工程量单价合同也可分为固定单价合同和可调价单价合同两类，调价方法与总价合同方法相同。

2）纯单价合同。招标文件中仅给出各项工程的工作项目一览表、工程范围和必要说明，而不提供工程量。投标单位只要报出各工作项目单价即可，合同履行过程中按实际完成工程量结算。

由于同一工程的不同施工部位可能有不同的外部环境条件，施工单位实际成本投入不尽相同，因此，仅以工作内容填报单价，其准确性较差。而对于间接费分摊在许多工作中的复杂情况，或有些不易计算工程量的项目内容，采用纯单价合同往往在结算时会引起麻烦，甚至导致合同争议。

3）单价与包干混合合同。这种合同是总价合同与单价合同的一种结合形式。对内容简单、工程量准确的部分，采用总价方式；技术复杂、工程量为估算值的部分采用单价合同方式。但应注意，在合同中必须详细注明两种计价方式所限定的工作范围。

（3）成本补酬合同

成本补酬合同是指将工程合同价款划分为直接成本和施工单位完成工作后应得酬金两部分，合同履行过程中发生的直接成本由建设单位实报实销，另按合同约定的方式付给施工单位相应报酬。

成本补酬合同大多适用于边设计、边施工的紧急工程或灾后修复工程。由于在签订合同时，建设单位还不可能提供给投标者用于准确报价的详细资料，因此，在合同中只能商定酬金计算方式。按照酬金计算方式不同，成本补酬合同有以下几种形式：

1）成本加固定百分比酬金。双方当事人在签订合同时约定，酬金按实际发生的直接成本乘某一百分比计算。这种合同价款表达式为：

$$C = C_d (1 + P) \qquad\qquad (5-2)$$

式中　C——合同价款；

　　　C_d——实际发生的直接费；

　　　P——双方当事人事先商定的酬金百分比。

从式（5-2）中可以看出，施工单位可获得的酬金将随着直接成本的增大而增大。因此，这种合同虽在签订时简单易行，但不利于缩短施工工期和降低工程成本。

2）成本加固定酬金。酬金在合同内约定为某一固定值。合同价款表达式为：

$$C = C_d + F \qquad\qquad (5-3)$$

式中　F——双方约定的酬金数额。

这种合同虽然不能鼓励施工单位关心降低直接成本，但从尽快获得全部酬金、减少管理投入出发，施工单位会关心缩短工期。

3）成本加浮动酬金。签订合同时，双方当事人预先约定工程预期成本和固定酬金，以及实际发生的直接成本与预期成本比较后的奖罚计算办法。合同价款表达式为：

$$C = C_d + F \qquad (C_d = C_0) \qquad\qquad (5-4)$$

$$C = C_d + F + \Delta F \qquad (C_d < C_0) \qquad\qquad (5-5)$$

$$C = C_d + F - \Delta F \qquad (C_d > C_0) \qquad\qquad (5-6)$$

式中　C_0——签订合同时双方当事人约定的预期成本；

　　　ΔF——酬金奖罚部分，可以是百分数，也可以是绝对数，而且奖与罚可采用不同的计算标准。

在这种合同中通常会规定，当实际成本超支而减少酬金时，以原定的基本酬金额为减少的最高限额。从理论上讲，这种合同形式对双方都没有太大风险，又能促使施工单位关心降低成本和缩短工期。但在实践中如何准确地估算作为奖罚标准的预期成本较为困难，也往往是双方在合同谈判中的焦点。

4）目标成本加奖罚。在仅有初步设计或工程说明书就迫切需要开工的情况下，可根据大致估算的工程量和适当的单价表编制粗略概算作为目标成本。随着设计的逐步深化，工程量和目标成本可进行调整。签订合同时，以当时估算的目标成本作为依据，并以百分比形式约定基本酬金和奖罚酬金的计算办法。最后结算时，如果实际直接成本超过目标成本事先商定的界限（如5%），则在基本酬金中按约定百分比扣减超出部分的罚金；反之，如有节约时（也应有一个幅度界限），则应增加酬金。合同价款表达式为：

$$C = C_\mathrm{d} + P_1\,C_0 + P_2\,(\,C_0 - C_\mathrm{d}\,) \tag{5-7}$$

式中　C_0——目标成本；

　　　P_1——基本酬金计算百分数；

　　　P_2——奖罚酬金计算百分数。

此外，还可另行约定工期奖罚计算办法。这种合同有利于鼓励施工单位节约成本和缩短工期，建设单位和施工单位都不会承担太大风险。

不同计价方式比较见表5-2。

不同计价方式比较　　　　　　　　　表5-2

合同类型	总价合同	单价合同	成本补酬合同			
			固定百分比酬金	固定酬金	浮动酬金	目标成本加奖罚
应用范围	广泛	广泛	有局限性			酌情
建设单位造价控制	易	较易	最难	难	不易	有可能
施工单位风险	大	小	基本没有		不大	有

3. 合同类型选择

施工合同有多种类型。合同类型不同，合同双方的义务和责任不同，各自承担的风险也不尽相同。建设单位应综合考虑以下因素来选择适合的合同类型。

（1）工程复杂程度

建设规模大且技术复杂的工程，承包风险较大，各项费用不易准确估算，因而不宜采用固定总价合同。最好是对有把握的部分采用固定总价合同，估算不准的部分采用单价合同或成本补酬合同。有时，在同一施工合同中采用不同的计价方式，是建设单位与施工单位合理分担施工风险的有效办法。

（2）工程设计深度

工程设计深度是选择合同类型的重要因素。对于已完成施工图设计的工程，施工图纸和工程量清单详细而明确，可选择总价合同；对于实际工程量与预计工程量可能有较大出入的工程，应优先选择单价合同；对于只完成初步设计，工程量清单不够明确的工程，可选择单价合同或成本补酬合同。

（3）技术先进程度

对于在工程施工中有较大部分采用新技术、新工艺，建设单位和施工单位对此缺乏经验，又无国家标准的，为避免投标单位盲目提高报价，或由于对施工难度估计不足而导致承包亏损的，不宜采用固定总价合同，而应选用成本补酬合同。

（4）工期紧迫程度

对于一些紧急工程（如灾后恢复工程等），要求尽快开工且工期较紧的，可能仅有实施方案，还没有施工图纸，施工单位不可能报出合理价格，因此，选择成本补酬合同较为合适。

总之，对于一个工程项目而言，究竟采用何种合同类型并非固定不变。在同一个工程项目中的不同工程部分或不同阶段，可采用不同类型的合同。在进行招标策划时，必须依据实际情况权衡各种利弊后再作出最佳决策。

5.1.3 施工招标文件编制

招标文件从广义角度讲，包括：招标公告或投标邀请书、资格预审文件、招标文件、协议书及评标方法等。从狭义角度讲，就是指具体提出各项技术标准和交易条件，明确拟订合同主要内容的要约邀请文件。这里主要从狭义介绍招标文件的编制。

招标文件是招标投标过程中最重要的法律文件，不仅是投标单位准备投标文件和参加投标的依据，也是评标委员会的评标依据，同时还是建设单位和中标单位订立合同的基础。建设单位应根据招标项目特点和需要，自行或者委托招标代理机构编制招标文件。招标文件应当包括下列内容：投标须知、评标办法、合同条件、工程量清单、设计文件、技术标准和要求、投标书格式、其他要求。

1. 投标须知

投标须知是指导投标单位正确地进行投标报价的文件，告之投标时所应遵循的各项规定，以及编制标书和投标时所应注意、考虑的问题，避免投标单位对招标文件内容的疏忽或错误理解。投标须知一般包括：工程概况，招标范围，资格审查条件，工程资金来源或落实情况，标段划分，工期要求，质量标准，现场踏勘和答疑安排，投标文件编制、提交、修改、撤回的要求，投标报价要求，投标保证金要求，投标有效期，开标时间和地点，评标方法和标准等。

2. 评标办法

评标办法需要明确评标方法、评审标准及评标程序。其中，评标方法可分为经评审的最低投标价法和综合评估法。

采用经评审的最低投标价法评标时，评标委员会需要对满足招标文件实质要求的投标文件，根据规定的量化因素及量化标准进行价格折算，然后按照经评审的投标价由低到高的顺序推荐中标候选人，或根据招标人授权直接确定中标人。

采用综合评估法评标时，评标委员会需要对满足招标文件实质性要求的投标文件，按照规定的评分标准进行打分，并按得分由高到低顺序推荐中标候选人，或根据招标人授权直接确定中标人。

3. 合同条件

招标文件中包括合同条件和合同格式，目的是告之投标者，中标后将与建设单位签订施工合同的有关义务和责任等规定，以便在编标报价时进行充分考虑。招标文件中所包括的合同条件是双方签订施工合同的基础，允许双方在签订合同时，通过协商对其中某些条款约定作出适当修改。目前，国际上已有成熟的合同示范文本可供使用，我国也有施工招标示范文本供招标使用，其中包括施工合同条件。需要注意的是，招标虽只是要约邀请，但招标文件中列明的合同条款实际上已构成投标者对招标项目提出要约的全部合同基础。因此，招标文件中的合同条款拟订必须尽可能详细准确。

4. 工程量清单

工程量清单是投标者的报价文件，可根据承包内容具体划分明细表，详细列明各分项工程名称和每个分项工作内容、单位和估算工程量，然后由投标者填报单价、汇总合计即形成该投标者报价。在工程施工过程中，以设计文件规定范围内实际完成的合格工程量乘以单价，支付给施工单位。因此，工程量清单既是投标报价的基础，又是合同履行中建设单位进行工程款支付的依据。

5. 设计文件

设计文件是投标者在投标时必不可少的参考资料。依据设计文件及工程量清单，投标者才能拟订施工规划或施工组织设计，包括施工方案、施工进度计划等，并据以进行工程估价和确定投标价。

6. 技术标准和要求

技术标准和要求是施工过程中施工单位控制工程质量和项目监理机构检查验收工程质量的主要依据。技术标准主要是指相关标准规范，技术要求均会在国家或行业标准规范中充分体现，严格按标准规范施工和验收才能保证最终获得合格工程。在拟订技术标准和要求时，不能过于苛刻，否则会导致投标者抬高报价。

7. 投标书格式

投标书格式应包括投标函格式及要求投标者签字确认的附件、投标保函格式、授权书格式等资料。

8. 其他要求

其他要求是指保函、承诺等要求。

5.2   施工合同示范文本

鉴于施工合同的内容复杂、涉及面广，为避免施工合同双方遗漏某些重要条款，或约定的义务和责任不够公平合理，有关部门或行业通常会颁布施工合同示范文本，作为规范性、指导性合同文件供选用。

5.2.1　国内施工合同示范文本

针对不同工程类别，我国施工合同示范文本有多种，这里仅介绍国家发改委等九部委联合发布的《标准施工招标文件》（2007年版）和《标准设计施工总承包招标文件》（2012年版）中的合同条款。

1.《标准施工招标文件》中的合同条款

《标准施工招标文件》适用于设计和施工不是由同一承包商承担的工程施工招标。其中第四章合同条款及格式中明确了通用合同条款同时适用于单价合同和总价合同。《标准施工招标文件》合同条款及格式中有关工程价款的条款如下。

（1）合同价格和费用

1）签约合同价。签约合同价是指签订合同时合同协议书中写明的，包括暂列金额、暂估价的合同总金额。

①暂列金额。暂列金额是指已标价工程量清单中所列的一笔款项，用于在签订合同协议书时尚未确定或不可预见变更的施工及其所需材料、工程设备、服务等的金额，包括以计日工方式支付的金额。

②暂估价。暂估价是指发包人在工程量清单中给定的用于支付必然发生但暂时不能确定价格的材料、工程设备以及专业工程的金额。

2）合同价格。合同价格是指承包人按合同约定完成包括缺陷责任期内的全部承包工作后，发包人应付给承包人的金额，包括在履行合同过程中按合同约定进行的变更、价款调整、通过索赔应予补偿的金额。合同价格也是承包人完成全部承包工作后的工程结算价格。

3）费用。费用是指为履行合同所发生的或将要发生的所有合理开支，包括管理费和应分摊的其他费用，但不包括利润。

（2）涉及费用的主要条款

1）化石、文物

在施工场地发掘的所有文物、古迹以及具有地质研究或考古价值的其他遗迹、化石、钱币或物品属于国家所有。一旦发现上述文物，承包人应采取有效合理的保护措施，防止任何人员移动或损坏上述物品，并立即报告当地文物行政部门，同时通知监理人。发包人、监理人和承包人应按文物行政部门要求采取妥善保护措施，由此导致费用增加和（或）工期延误由发包人承担。

2）专利技术

承包人在投标文件中采用专利技术的，专利技术的使用费包含在投标报价内。

3）不利物质条件

承包人遇到不利物质条件时，应采取适应不利物质条件的合理措施继续施工，并及时通知监理人。监理人应当及时发出指示，指示构成变更的，按合同约定的变更办理。监理人没有发出指示的，承包人因采取合理措施而增加的费用和（或）工期延误，由发包人承担。

4）材料和工程设备

①承包人提供的材料和工程设备。对承包人提供的材料和工程设备，承包人应会同监理人进行检验和交货验收，查验材料合格证明和产品合格证书，并按合同约定和监理人指示，进行材料的抽样检验和工程设备的检验测试，检验和测试结果应提交监理人，所需费用由承包人承担。

②发包人提供的材料和工程设备。发包人要求向承包人提前交货的，承包人不得拒绝，但发包人应承担承包人由此增加的费用。承包人要求更改交货日期或地点的，应事先报请监理人批准。由于承包人要求更改交货时间或地点所增加的费用和（或）工期延误由承包人承担。发包人提供的材料和工程设备的规格、数量或质量不符合合同要求，或由于发包人原因发生交货日期延误及交货地点变更等情况的，发包人应承担由此增加的费用和（或）工程延误，并向承包人支付合理利润。

③禁止使用不合格的材料和工程设备。监理人有权拒绝承包人提供的不合格材料或工程设备，并要求承包人立即进行更换。监理人应在更换后再次进行检查和检验，由此增加的费用和（或）工期延误由承包人承担。发包人提供的材料或工程设备不符合合同要求的，承包人有权拒绝，并可要求发包人更换，由此增加的费用和（或）工期延误由发包人承担。

5）施工设备和临时设施

①承包人提供的施工设备和临时设施。除专用合同条款另有约定外，承包人应自行承担修建临时设施的费用，需要临时占地的，应由发包人办理申请手续并承担相应费用。

②要求承包人增加或更换施工设备。承包人使用的施工设备不能满足合同进度计划和（或）质量要求时，监理人有权要求承包人增加或更换施工设备，承包人应及时增加或更换，由此增加的费用和（或）工期延误由承包人承担。

6）交通运输

①场内施工道路。除专用合同条款另有约定外，承包人应负责修建、维修、养护和管理施工所需的临时道路和交通设施，包括维修、养护和管理发包人提供的道路和交通设施，并承担相应费用。

②场外交通。承包人车辆外出行驶所需的场外公共道路的通行费、养路费和税款等由承包人承担。

③超大件和超重件的运输。由承包人负责运输的超大件或超重件，应由承包人负

责向交通管理部门办理申请手续，发包人给予协助。运输超大件或超重件所需的道路和桥梁临时加固改造费用和其他有关费用，由承包人承担，但专用合同条款另有约定除外。

④道路和桥梁的损坏责任。因承包人运输造成施工场地内外公共道路和桥梁损坏的，由承包人承担修复损坏的全部费用和可能引起的赔偿。

7）测量放线

①施工测量。监理人可以指示承包人进行抽样复测，当复测中发现错误或出现超过合同约定的误差时，承包人应按监理人指示进行修正或补测，并承担相应的复测费用。

②基准资料错误的责任。发包人应对其提供的测量基准点、基准线和水准点及其书面资料的真实性、准确性和完整性负责。发包人提供上述基准资料错误导致承包人测量放线工作的返工或造成工程损失的，发包人应当承担由此增加的费用和（或）工期延误，并向承包人支付合理利润。

③监理人使用施工控制网。监理人需要使用施工控制网的，承包人应提供必要的协助，发包人不再为此支付费用。

8）施工安全责任

①发包人的施工安全责任。发包人应负责赔偿以下各种情况造成的第三者人身伤亡和财产损失：a. 工程或工程的任何部分对土地的占用所造成的第三者财产损失；b. 由于发包人原因在施工场地及其毗邻地带造成的第三者人身伤亡和财产损失。

②承包人的施工安全责任。由于承包人原因在施工场地及其毗邻地带造成的第三者人身伤亡和财产损失，由承包人负责赔偿。

9）工期延误

①发包人的工期延误。在履行合同过程中，由于发包人的下列原因造成工期延误的，承包人有权要求发包人延长工期和（或）增加费用，并支付合理利润：a. 增加合同工作内容；b. 改变合同中任何一项工作的质量要求或其他特性；c. 发包人迟延提供材料、工程设备或变更交货地点的；d. 因发包人原因导致的暂停施工；e. 提供图纸延误；f. 未按合同约定及时支付预付款、进度款；g. 发包人造成工期延误的其他原因。

②承包人的工期延误。由于承包人原因，未能按合同进度计划完成工作，或监理人认为承包人施工进度不能满足合同工期要求的，承包人应采取措施加快进度，并承担加快进度所增加的费用。由于承包人原因造成工期延误，承包人应支付逾期竣工违约金。承包人支付逾期竣工违约金，不免除承包人完成工程及修补缺陷的义务。

10）暂停施工

除发生不可抗力事件或其他客观原因必须暂停施工外，工程施工过程中，当一方违约使另一方受到严重损失的，受损方有权要求暂停施工。但暂停施工将会影响合同的正常履行，为此，合同双方应尽量避免采取暂停施工的手段。

①承包人暂停施工的责任。因下列暂停施工增加的费用和（或）工期延误由承包人承担：a. 承包人违约引起的暂停施工；b. 由于承包人原因为工程合理施工和安全保障所必需的暂停施工；c. 承包人擅自暂停施工；d. 承包人其他原因引起的暂停施工；e. 专用合同条款约定由承包人承担的其他暂停施工。

②发包人暂停施工的责任。由于发包人原因引起的暂停施工造成工期延误的，承包人有权要求发包人延长工期和（或）增加费用，并支付合理利润。

③暂停施工后的复工。暂停施工后，监理人应与发包人和承包人协商，采取有效措施积极消除暂停施工的影响。当工程具备复工条件时，监理人应立即向承包人发出复工通知。承包人收到复工通知后，应在监理人指定的期限内复工。承包人无故拖延和拒绝复工的，由此增加的费用和工期延误由承包人承担；因发包人原因无法按时复工的，承包人有权要求发包人延长工期和（或）增加费用，并支付合理利润。

④暂停施工持续56天以上。监理人发出暂停施工指示后56天内未向承包人发出复工通知，除了该项停工属于承包人的责任外，承包人可向监理人提交书面通知，要求监理人在收到书面通知后28天内准许已暂停施工的工程或其中一部分工程继续施工。如监理人逾期不予批准，则承包人可以通知监理人，将工程受影响的部分按有关变更条款的约定视为可取消工作。如暂停施工影响到整个工程，可视为发包人违约，由发包人承担违约责任。由于承包人责任引起的暂停施工，如承包人在收到监理人暂停施工指示后56天内不认真采取有效的复工措施，造成工期延误，可视为承包人违约，由承包人承担违约责任。

11）工程质量

①工程质量要求。因承包人原因造成工程质量达不到合同约定验收标准的，监理人有权要求承包人返工直至符合合同要求为止，由此造成的费用增加和（或）工期延误由承包人承担。因发包人原因造成工程质量达不到合同约定验收标准的，发包人应承担由于承包人返工造成的费用增加和（或）工期延误，并支付承包人合理利润。

②工程隐蔽部位覆盖前的检查。经承包人自检确认的工程隐蔽部位具备覆盖条件后，承包人应通知监理人在约定的期限内检查。承包人的通知应附有自检记录和必要的检查资料。监理人应按时到场检查。经监理人检查确认质量符合隐蔽要求，并在检查记录上签字后，承包人才能进行覆盖。监理人检查确认质量不合格的，承包人应在监理人指示的时间内修正返工后，由监理人重新检查。

a. 监理人重新检查。经监理人检查质量合格或监理人未按约定的时间进行检查的，承包人覆盖工程隐蔽部位后，监理人对质量有疑问的，可要求承包人对已覆盖的部位进行钻孔探测或揭开重新检验，承包人应遵照执行，并在检验后重新覆盖恢复原状。经检验证明工程质量符合合同要求的，由发包人承担由此增加的费用和（或）工期延误，并支付承包人合理利润；经检验证明工程质量不符合合同要求的，由此增加的费用和（或）工期延误由承包人承担。

b. 承包人私自覆盖。承包人未通知监理人到场检查，私自将工程隐蔽部位覆盖的，监理人有权指示承包人钻孔探测或揭开检查，由此增加的费用和（或）工期延误由承包人承担。

③清除不合格工程。承包人使用不合格材料、工程设备，或采用不适当的施工工艺，或施工不当，造成工程不合格的，监理人可以随时发出指示，要求承包人立即采取措施进行补救，直至达到合同要求的质量标准，由此增加的费用和（或）工期延误由承包人承担。由于发包人提供的材料或工程设备不合格造成的工程不合格，需要承包人采取措施补救的，发包人应承担由此增加的费用和（或）工期延误，并支付承包人合理利润。

12）材料、工程设备和工程的试验和检验

承包人应按合同约定进行材料、工程设备和工程的试验和检验，并为监理人对上述材料、工程设备和工程的质量检查提供必要的试验资料和原始记录。按合同约定应由监理人与承包人共同进行试验和检验的，由承包人负责提供必要的试验资料和原始记录。监理人对承包人的试验和检验结果有疑问的，或为查清承包人试验和检验成果的可靠性要求承包人重新试验和检验的，可按合同约定由监理人与承包人共同进行。重新试验和检验的结果证明该项材料、工程设备或工程的质量不符合合同要求的，由此增加的费用和（或）工期延误由承包人承担；重新试验和检验结果证明该项材料、工程设备和工程符合合同要求，由发包人承担由此增加的费用和（或）工期延误，并支付承包人合理利润。

（3）竣工验收

竣工验收是指承包人完成全部合同工作后，发包人按合同要求进行的验收。

1）竣工验收申请报告。当工程具备以下条件时，承包人即可向监理人报送竣工验收申请报告：

①除监理人同意列入缺陷责任期内完成的尾工（甩项）工程和缺陷修补工作外，合同范围内的全部单位工程以及有关工作，包括合同要求的试验、试运行以及检验和验收均已完成，并符合合同要求；

②已按合同约定的内容和份数备齐了符合要求的竣工资料；

③已按监理人的要求编制了在缺陷责任期内完成的尾工（甩项）工程和缺陷修补工作清单以及相应施工计划；

④监理人要求在竣工验收前应完成的其他工作；

⑤监理人要求提交的竣工验收资料清单。

2）竣工验收过程。监理人收到承包人提交的竣工验收申请报告后，应审查申请报告的各项内容，并按以下不同情况处理：

①监理人审查后认为尚不具备竣工验收条件的，应在收到竣工验收申请报告后的28天内通知承包人，指出在颁发接收证书前承包人还需进行的工作内容。承包人完成监理人通知的全部工作内容后，应再次提交竣工验收申请报告，直至监理人同意为止。

②监理人审查后认为已具备竣工验收条件的，应在收到竣工验收申请报告后的28天内提请发包人进行工程验收。

③发包人经过验收后同意接收工程的，应在监理人收到竣工验收申请报告后的56天内，由监理人向承包人出具经发包人签认的工程接收证书。发包人验收后同意接收工程但提出整修和完善要求的，限期修好，并缓发工程接收证书。整修和完善工作完成后，监理人复查达到要求的，经发包人同意后，再向承包人出具工程接收证书。

④发包人验收后不同意接收工程的，监理人应按发包人的验收意见发出指示，要求承包人对不合格工程认真返工重做或进行补救处理，并承担由此产生的费用。承包人在完成不合格工程的返工重做或补救工作后，应重新提交竣工验收申请报告。

除专用合同条款另有约定外，经验收合格工程的实际竣工日期，以提交竣工验收申请报告的日期为准，并在工程接收证书中写明。发包人在收到承包人竣工验收申请报告56天后未进行验收的，视为验收合格，实际竣工日期以提交竣工验收申请报告的日期为准，但发包人由于不可抗力不能进行验收的除外。

（4）缺陷责任与保修责任

缺陷责任期自实际竣工日期起计算。在全部工程竣工验收前，已经发包人提前验收的单位工程，其缺陷责任期的起算日期相应提前。

1）缺陷责任。承包人应在缺陷责任期内对已交付使用的工程承担缺陷责任。缺陷责任期内，发包人对已接收使用的工程负责日常维护工作。发包人在使用过程中，发现已接收的工程存在新的缺陷或已修复的缺陷部位或部件又遭损坏的，承包人应负责修复，直至检验合格为止。监理人和承包人应共同查清缺陷和（或）损坏的原因。经查明属承包人原因造成的，应由承包人承担修复和查验的费用。经查验属发包人原因造成的，发包人应承担修复和查验的费用，并支付承包人合理利润。承包人不能在合理时间内修复缺陷的，发包人可自行修复或委托其他人修复，所需费用和利润由缺陷责任方承担。

2）缺陷责任期的延长。由于承包人原因造成某项缺陷或损坏使某项工程或工程设备不能按原定目标使用而需要再次检查、检验和修复的，发包人有权要求承包人相应延长缺陷责任期，但缺陷责任期最长不超过2年。在缺陷责任期（或延长的期限）终止后14天内，由监理人向承包人出具经发包人签认的缺陷责任期终止证书，并退还剩余的质量保证金。

3）保修责任。合同当事人根据有关法律规定，在专用合同条款中约定工程质量保修范围、期限和责任。保修期自实际竣工日期起计算。在全部工程竣工验收前，已经发包人提前验收的单位工程，其保修期的起算日期相应提前。

（5）不可抗力

不可抗力是指承包人和发包人在订立合同时不可预见，在工程施工过程中不可避免发生并不能克服的自然灾害和社会性突发事件，如地震、海啸、瘟疫、水灾、骚乱、暴动、战争和专用合同条款约定的其他情形。不可抗力发生后，发包人和承包人应及时认真统计所造成的损失，收集不可抗力造成损失的证据。合同双方对是否属于不可抗力或其损失的意见不一致的，由监理人商定或确定。发生争议时，按合同中关于争议解决条款的约定处理。

1）不可抗力的通知。合同一方当事人遇到不可抗力事件，使其履行合同义务受到阻碍时，应立即通知合同另一方当事人和监理人，书面说明不可抗力和受阻碍的详细情况，并提供必要的证明。如不可抗力持续发生，合同一方当事人应及时向合同另一方当事人和监理人提交中间报告，说明不可抗力和履行合同受阻的情况，并于不可抗力事件结束后28天内提交最终报告及有关资料。

2）不可抗力后果及其处理。除专用合同条款另有约定外，不可抗力导致的人员伤亡、财产损失、费用增加和（或）工期延误等后果，由合同双方按以下原则承担：

①永久工程，包括已运至施工场地的材料和工程设备的损害，以及因工程损害造成的第三者人员伤亡和财产损失由发包人承担；

②承包人设备的损坏由承包人承担；

③发包人和承包人各自承担其人员伤亡和其他财产损失及其相关费用；

④承包人的停工损失由承包人承担，但停工期间应监理人要求照管工程和清理、修复工程的金额由发包人承担；

⑤不能按期竣工的，应合理延长工期，承包人不需支付逾期竣工违约金。发包人要求赶工的，承包人应采取赶工措施，赶工费用由发包人承担。

合同一方当事人延迟履行，在延迟履行期间发生不可抗力的，不免除其责任。

不可抗力发生后，发包人和承包人均应采取措施尽量避免和减少损失的扩大，任何一方没有采取有效措施导致损失扩大的，应对扩大的损失承担责任。合同一方当事人因不可抗力不能履行合同的，应当及时通知对方解除合同。合同解除后，承包人应按合同约定撤离施工场地。已经订货的材料、设备由订货方负责退货或解除订货合同，不能退还的货款和因退货、解除订货合同发生的费用，由发包人承担，因未及时退货造成的损失由责任方承担。合同解除后的付款，参照合同有关条款的约定，由监理人商定或确定。

（6）争议解决

1）争议解决方式。发包人和承包人在履行合同中发生争议的，可以友好协商解决或者提请争议评审组评审。合同当事人友好协商解决不成、不愿提请争议评审或者不接受争议评审组意见的，可在专用合同条款中约定下列一种方式解决：①向约定的仲裁委员会申请仲裁；②向有管辖权的人民法院提起诉讼。

2）争议评审。采用争议评审的，发包人和承包人应在开工日后的28天内或在争议发生后，协商成立争议评审组。争议评审组由有合同管理和工程实践经验的专家组成。

合同双方的争议，应首先由申请人向争议评审组提交一份详细的评审申请报告，并附必要的文件、图纸和证明材料，申请人还应将上述报告的副本同时提交给被申请人和监理人。被申请人在收到申请人评审申请报告副本后的28天内，向争议评审组提交一份答辩报告，并附证明材料。被申请人应将答辩报告的副本同时提交给申请人和监理人。除专用合同条款另有约定外，争议评审组在收到合同双方报告后的14天内，邀请双方代表和有关人员举行调查会，向双方调查争议细节；必要时争议评审组可要求双方进一步提供补充材料。在调查会结束后的14天内，争议评审组应在不受任何干扰的情况下进行独立、公正的评审，作出书面评审意见，并说明理由。在争议评审期间，争议双方暂按总监理工程师的确定执行。

发包人和承包人接受评审意见的，由监理人根据评审意见拟定执行协议，经争议双方签字后作为合同的补充文件，并遵照执行。发包人或承包人不接受评审意见，并要求提交仲裁或提起诉讼的，应在收到评审意见后的14天内将仲裁或起诉意向书面通知另一方，并抄送监理人，但在仲裁或诉讼结束前应暂按总监理工程师的确定执行。

2.《标准设计施工总承包招标文件》中的合同条款

《标准设计施工总承包招标文件》合同条款及格式中有关工程价款的条款如下。

（1）合同价格和费用

1）价格清单。价格清单是指构成合同文件组成部分的由承包人按规定格式和要求填写并标明价格的清单。

2）计日工。计日工是指对零星工作采取的一种计价方式，按合同中的计日工子目及其单价计价付款。

3）质量保证金。质量保证金是指按合同约定用于保证在缺陷责任期内履行缺陷修复义务的金额。

（2）涉及费用的主要条款

1）材料和工程设备

①承包人提供的材料和工程设备。对承包人提供的材料和工程设备，承包人应会同监理人进行检验和交货验收，查验材料合格证明和产品合格证书，并按合同约定和监理人指示，进行材料的抽样检验和工程设备的检验测试，检验和测试结果应提交监理人，所需费用由承包人承担。

②发包人提供的材料和工程设备。发包人要求向承包人提前交货的，承包人不得拒绝，但发包人应承担承包人由此增加的费用。承包人要求更改交货日期或地点的，应事先报请监理人批准。由于承包人要求更改交货时间或地点所增加的费用和（或）工期延误由承包人承担。发包人提供的材料和工程设备的规格、数量或质量不符合合同要求，或由于发包人原因发生交货日期延误及交货地点变更等情况的，发包人应承担由此增加的费用和（或）工期延误，并向承包人支付合理利润。

③不合格材料和工程设备的处置。监理人有权拒绝承包人提供的不合格材料或工程设备，并要求承包人立即进行更换。监理人应在更换后再次进行检查和检验，由此增

加的费用和（或）工期延误由承包人承担。发包人提供的材料或工程设备不符合合同要求的，承包人有权拒绝，并可要求发包人更换，由此增加的费用和（或）工期延误由发包人承担。

2）施工设备和临时设施

①承包人提供的施工设备和临时设施。除专用合同条款另有约定外，承包人应自行承担修建临时设施的费用。需要临时占地的，应由发包人办理申请手续并承担相应费用。

②增加或更换施工设备。承包人使用的施工设备不能满足合同进度计划和（或）质量标准时，监理人有权要求承包人增加或更换施工设备，承包人应及时增加或更换，由此增加的费用和（或）工期延误由承包人承担。

3）测量放线

①施工测量。监理人可以指示承包人进行抽样复测，当复测中发现错误或出现超过合同约定的误差时，承包人应按监理人指示进行修正或补测，并承担相应的复测费用。

②基准资料错误的责任。发包人应对其提供的测量基准点、基准线和水准点及其书面资料的真实性、准确性和完整性负责，对其提供上述基准资料错误导致承包人损失的，发包人应当承担由此增加的费用和（或）工期延误，并向承包人支付合理利润。

③监理人使用施工控制网。监理人需要使用施工控制网的，承包人应提供必要的协助，发包人不再为此支付费用。

4）开始工作和竣工

①开始工作。除专用合同条款另有约定外，因发包人原因造成监理人未能在合同签订之日起90天内发出开始工作通知的，承包人有权提出价格调整要求，或者解除合同。发包人应当承担由此增加的费用和（或）工期延误，并向承包人支付合理利润。

②发包人引起的工期延误。在履行合同过程中，由于发包人的下列原因造成工期延误的，承包人有权要求发包人延长工期和（或）增加费用，并支付合理利润：

a. 变更；

b. 未能按照合同要求的期限对承包人文件进行审查；

c. 因发包人原因导致的暂停施工；

d. 未按合同约定及时支付预付款、进度款；

e. 发包人按合同约定提供的基准资料错误；

f. 发包人迟延提供材料、工程设备或变更交货地点的；

g. 发包人未及时按照"发包人要求"履行相关义务；

h. 发包人造成工期延误的其他原因。

③异常恶劣的气候条件。由于出现专用合同条款规定的异常恶劣气候的条件导致工期延误的，承包人有权要求发包人延长工期和（或）增加费用。

④承包人引起的工期延误。由于承包人原因，未能按合同进度计划完成工作，或监理人认为承包人工作进度不能满足合同工期要求的，承包人应采取措施加快进度，并承担加快进度所增加的费用。由于承包人原因造成工期延误，承包人应支付逾期竣工违约金。逾期竣工违约金的计算方法和最高限额在专用合同条款中约定。承包人支付逾期竣工违约金，不免除承包人完成工作及修补缺陷的义务。

⑤工期提前。发包人要求承包人提前竣工，或承包人提出提前竣工的建议能够给发包人带来效益的，应由监理人与承包人共同协商采取加快工程进度的措施和修订合同进度计划。发包人应承担承包人由此增加的费用，并向承包人支付专用合同条款约定的相应奖金。

⑥行政审批迟延。合同约定范围内的工作需国家有关部门审批的，发包人和（或）承包人应按照合同约定的职责分工完成行政审批报送。因国家有关部门审批迟延造成费用增加和（或）工期延误的，由发包人承担。

5）暂停工作

①由发包人暂停工作。由于发包人原因引起的暂停工作造成工期延误的，承包人有权要求发包人延长工期和（或）增加费用，并支付合理利润。由于承包人下列原因造成发包人暂停工作的，由此造成费用的增加和（或）工期延误由承包人承担：

a. 承包人违约；

b. 承包人擅自暂停工作；

c. 合同约定由承包人承担责任的其他暂停工作。

②由承包人暂停工作。合同履行过程中发生下列情形之一的，承包人可向发包人发出通知，要求发包人采取有效措施予以纠正。发包人收到承包人通知后的28天内仍不履行合同义务，承包人有权暂停施工，并通知监理人，发包人应承担由此增加的费用和（或）工期延误责任，并支付承包人合理利润：

a. 发包人未能按合同约定支付价款，或拖延、拒绝批准付款申请和支付证书，导致付款延误的；

b. 监理人无正当理由没有在约定期限内发出复工指示，导致承包人无法复工的；

c. 发包人无法继续履行或明确表示不履行或实质上已停止履行合同的；

d. 发包人不履行合同约定其他义务的。

6）工程质量

①工程质量要求。因承包人原因造成工程质量不符合法律的规定和合同约定的，监理人有权要求承包人返工直至符合合同要求为止，由此造成的费用增加和（或）工期延误由承包人承担。因发包人原因造成工程质量达不到合同约定验收标准的，发包人应承担由于承包人返工造成的费用增加和（或）工期延误，并支付承包人合理利润。

②监理人重新检查。承包人按合同约定覆盖工程隐蔽部位后，监理人对质量有疑问的，可要求承包人对已覆盖的部位进行钻孔探测或揭开重新检验，承包人应遵照执

行，并在检验后重新覆盖恢复原状。经检验证明工程质量符合合同要求的，由发包人承担由此增加的费用和（或）工期延误，并支付承包人合理利润；经检验证明工程质量不符合合同要求的，由此增加的费用和（或）工期延误由承包人承担。

③承包人私自覆盖。承包人未通知监理人到场检查，私自将工程隐蔽部位覆盖的，监理人有权指示承包人钻孔探测或揭开检查，由此增加的费用和（或）工期延误由承包人承担。

7）预付款

预付款的额度和支付在专用合同条款中约定。除专用合同条款另有约定外，承包人应在收到预付款的同时向发包人提交预付款保函，预付款保函的担保金额应与预付款金额相同。保函的担保金额可根据预付款扣回的金额相应递减。预付款在进度付款中扣回，扣回办法在专用合同条款中约定。在颁发工程接收证书前，由于不可抗力或其他原因解除合同时，预付款尚未扣清的，尚未扣清的预付款余额应作为承包人的到期应付款。

8）工程进度付款

除专用合同条款另有约定外，工程进度付款一般按月支付。工程进度付款时间如下：

①监理人在收到承包人进度付款申请单以及相应的支持性证明文件后的14天内完成审核，提出发包人到期应支付给承包人的金额以及相应的支持性材料，经发包人审批同意后，由监理人向承包人出具经发包人签认的进度付款证书。监理人未能在前述时间完成审核的，视为监理人同意承包人进度付款申请。监理人有权核减承包人未能按照合同要求履行任何工作或义务的相应金额。

②发包人最迟应在监理人收到进度付款申请单后的28天内，将进度应付款支付给承包人。发包人未能在前述时间内完成审批或不予答复的，视为发包人同意进度付款申请。发包人不按期支付的，按专用合同条款的约定支付逾期付款违约金。

③监理人出具进度付款证书，不应视为监理人已同意、批准或接受了承包人完成的该部分工作。

④进度付款涉及政府投资资金的，按照国库集中支付等国家相关规定和专用合同条款的约定执行。

9）竣工结算

①竣工付款申请单。工程接收证书颁发后，承包人应按专用合同条款约定的份数和期限向监理人提交竣工付款申请单，并提供相关证明材料。除专用合同条款另有约定外，竣工付款申请单应包括下列内容：竣工结算合同总价、发包人已支付承包人的工程价款、应扣留的质量保证金、应支付的竣工付款金额。监理人对竣工付款申请单有异议的，有权要求承包人进行修正和提供补充资料。经监理人和承包人协商后，由承包人向监理人提交修正后的竣工付款申请单。

②竣工付款证书及支付时间。监理人在收到承包人提交的竣工付款申请单后的14

天内完成核查，提出发包人到期应支付给承包人的价款送发包人审核并抄送承包人。发包人应在收到后14天内审核完毕，由监理人向承包人出具经发包人签认的竣工付款证书。监理人未在约定时间内核查，又未提出具体意见的，视为承包人提交的竣工付款申请单已经监理人核查同意；发包人未在约定时间内审核又未提出具体意见的，监理人提出发包人到期应支付给承包人的价款视为已经发包人同意。

发包人应在监理人出具竣工付款证书后的14天内，将应支付款支付给承包人。

10）最终结清

①最终结清申请单。缺陷责任期终止证书签发后，承包人可按专用合同条款约定的份数和期限向监理人提交最终结清申请单，并提供相关证明材料。发包人对最终结清申请单内容有异议的，有权要求承包人进行修正和提供补充资料，由承包人向监理人提交修正后的最终结清申请单。

②最终结清证书和支付时间。监理人收到承包人提交的最终结清申请单后的14天内，提出发包人应支付给承包人的价款送发包人审核并抄送承包人。发包人应在收到后14天内审核完毕，由监理人向承包人出具经发包人签认的最终结清证书。监理人未在约定时间内核查，又未提出具体意见的，视为承包人提交的最终结清申请已经监理人核查同意；发包人未在约定时间内审核又未提出具体意见的，监理人提出应支付给承包人的价款视为已经发包人同意。发包人应在监理人出具最终结清证书后的14天内，将应支付款支付给承包人。

5.2.2　国际施工合同示范文本

国际上常用的工程施工合同示范文本有：国际咨询工程师联合会（FIDIC）编制的各类合同条件；英国土木工程师学会的"ICE合同条件"；英国皇家建筑师学会的"RIBA/JCT合同条件"；美国建筑师学会的"AIA合同条件"；美国承包商总会的"AGC合同条件"；美国工程师合同文件联合会的"EJCDC合同条件"；美国联邦政府发布的"SF-23A合同条件"等。其中，以FIDIC编制的"施工合同条件"、英国土木工程师学会的"ICE合同条件"和美国建筑师学会的"AIA合同条件"最为流行。

FIDIC自1957年发布《土木工程施工合同条件》（第1版）以来，陆续出版了一系列合同条件，如：《土木工程施工合同条件》（红皮书）、《生产设备和设计—建造合同条件》（黄皮书）、《土木工程施工分包合同条件》（与红皮书配套使用）、《设计—建造与交钥匙项目合同条件》（桔皮书）、《设计采购施工（EPC）/交钥匙工程合同条件》（银皮书）、《简明合同格式》（绿皮书）、《雇主/咨询工程师标准服务协议》等。2008年，FIDIC推出了《设计、建造及运营（DBO）合同条件》（金皮书）。2017年，FIDIC又推出了《施工合同条件》（Conditions of Contract for Construction）（红皮书）、《生产设备和设计—建造合同条件》（Conditions of Contract for Plant and Design-Build）（黄皮书）、《设计采购施工（EPC）/交钥匙项目合同条件》（Conditions of Contract for EPC/Turnkey

Projects）（银皮书）第二版。这些合同条件及协议共同构成FIDIC彩虹族系列合同文件，不仅应用于世界银行、亚洲开发银行、非洲开发银行等国际金融组织的贷款项目，一些国家的国际工程也常采用FIDIC合同条件。这里主要介绍FIDIC《施工合同条件》（红皮书）的有关内容。

1. FIDIC《施工合同条件》组成及解释顺序

FIDIC《施工合同条件》适用于土木工程施工的单价合同形式，由通用条件和专用条件两部分组成，并附有合同协议书、投标函和争端仲裁协议书格式。

（1）通用条件

通用条件包括21个方面，即：一般规定，业主，工程师，承包商，分包商，职员与劳工，生产设备、材料和工艺，开工、延误及暂停，竣工检验，业主接收，接收后缺陷，计量与估价，变更与调整，合同价格与支付，业主提出终止，承包商提出暂停与终止，工程照管与保障，例外事件，保险，业主和承包商索赔，争端和仲裁。通用条件适用于所有土木工程，条款也非常具体而明确。

（2）专用条件

专用条件将结合具体工程的特点和所在地区情况对通用条件进行补充、细化。FIDIC《施工合同条件》首次提出了专用条件起草的五项黄金原则：①合同所有参与方的职责、权利、义务、角色及责任一般都在通用条件中默示，并适应项目需求；②专用条件的起草必须明确和清晰；③专用条件不允许改变通用条件中风险与回报分配的平衡；④合同规定的各参与方履行义务的时间必须合理；⑤所有正式的争端在提交仲裁之前必须提交DAAB（争端避免/裁决委员会）取得具有临时性约束力的决定。

（3）合同文件解释顺序

构成FIDIC施工合同文件的各个组成部分应能互相说明、互相补充，合同文件解释的优先顺序如下：①合同协议书；②中标函；③投标书；④专用条件；⑤通用条件；⑥规范；⑦图纸；⑧资料表和构成合同组成部分的其他文件。

2. FIDIC《施工合同条件》中各方主体

FIDIC《施工合同条件》中，涉及的主体包括：业主、（咨询）工程师、承包商、指定分包商。

（1）业主

业主在合同履行过程中的义务和权利包括：

1）应在投标书附录中规定的时间内给予承包商进入现场、占有现场各部分的权利。此项进入和占有权不可为承包商独享。

2）应根据承包商的请求，提供以下合理协助：取得与合同有关但不易得到的工程所在国的法律文本；协助承包商申请工程所在国要求的许可、执照或批准。

3）应负责保证在现场的业主人员和其他承包商做到与承包商的各项努力进行合作。

4）应在收到承包商的任何要求28天内，提出其已做并将维持的资金安排的合理证明，说明业主能够按规定支付合同价格。

5）如果根据合同条款或合同有关的另外事项，业主认为有权得到任何支付和（或）对缺陷通知期限延长的，业主或者咨询工程师应当向承包商发出通知，说明细节。通知应当在业主了解引起索赔的事项或者情况后尽快发出。关于缺陷通知期限任何延长的通知，应在该期限到期前发出。

（2）（咨询）工程师

（咨询）工程师是指由业主所聘请的咨询公司委派的、直接对业主负责的咨询机构。（咨询）工程师根据施工合同，对工程的质量、进度和费用进行控制和监督，力求工程施工满足合同要求。

FIDIC《施工合同条件》基于以（咨询）工程师为核心的管理模式，因此，在合同条款中明示的（咨询）工程师的权限较大。（咨询）工程师的权力可概括为以下几个方面：

1）工程质量控制。工程质量控制主要表现在：对运抵施工现场材料、设备质量进行检查和检验；对承包商施工过程中的工艺操作进行监督；对已完工程部位的质量进行确认或拒收；发布指令要求对不合格工程部位采取补救措施等。

2）工程进度控制。工程进度控制主要表现在：审查批准承包商的施工进度计划；指示承包商修改施工进度计划；发布开工令、暂停施工令、复工令和赶工令。

3）工程付款控制。工程付款控制主要表现在：确定变更工程的估价；批准使用暂定金额和计日工；签发各种付款证书等。

4）施工合同管理。施工合同管理主要表现在：解释合同文件中的矛盾和歧义；批准分包工程（除劳务分包、采购分包及合同中指定的分包商对工程的分包）；发布工程变更指令；签发工程接收证书和缺陷责任证书；审核承包商的索赔；行使合同内必然引申的权力等。

（3）承包商

承包商是指其投标书已被业主接受的当事人，以及取得该当事人资格的合法继承人。

1）承包商的一般义务包括：

①应按照合同约定及（咨询）工程师的指示，设计（在合同规定的范围内）、实施和完成工程，并修补工程中的任何缺陷。

②应提供合同规定的生产设备和承包商文件，以及此项设计、施工、竣工和修补缺陷所需的所有临时性或永久性的承包商人员、货物、消耗品及其他物品和服务。

③应对所有现场作业、所有施工方法和全部工程的完备性、稳定性和安全性承担责任。除非合同另有规定，承包商对所有承包文件、临时工程及按照合同要求的每项生产设备和材料的设计承担责任，不应对其他永久工程的设计或规范负责。

④当（咨询）工程师提出要求时，承包商应提交其建议采用的工程施工安排和方法

的细节。

2）承包商提供履约担保。承包商应在收到中标函后28天内向业主提交履约担保，并向（咨询）工程师送副本一份。履约担保可分为企业法人提供的保证书和金融机构提供的保函两类。履约担保一般为不需承包商确认违约的无条件担保形式。履约保函应担保承包商圆满完成施工和保修的义务，而不是到（咨询）工程师颁发工程接收证书为止。但工程接收证书的颁发是对承包商按合同约定完满完成施工义务的证明，承包商应承担的义务仅为保修义务，如果双方有约定的话，允许在颁发整个工程的接收证书后将履约保函的担保金额减少一定的百分比。业主应在收到履约证书副本后21天内，将履约担保退还承包商。

在下列情况下，业主可凭履约担保索赔：

①专用条款约定的缺陷通知期满后仍未能解除承包商的保修义务时，承包商应延长履约保函有效期而未延长；

②按照业主索赔或争议、仲裁等决定，承包商未向业主支付相应款项；

③缺陷通知期内承包商接到业主修补缺陷通知后42天内未派人修补；

④由于承包商的严重违约行为业主终止合同。

（4）指定分包商

指定分包商是由业主指定，完成某项特定工作内容并与承包商签订分包合同的特殊分包商。业主有权将部分工程的施工任务或涉及提供材料、设备、服务等的工作内容发包给指定分包商实施。由于指定分包商是与承包商签订分包合同，因而在合同关系方面与一般分包商处于同等地位，对其施工过程的监督、协调工作应纳入承包商的管理之中。

为了不损害承包商的利益，给指定分包商的付款应从暂定金额内开支。承包商在每个月末报送工程进度款支付报表时，（咨询）工程师有权要求其出示以前已按指定分包合同给指定分包商付款的证明。如果承包商没有合法理由而扣押指定分包商上个月应得工程款，业主有权按（咨询）工程师出具的证明从本月应得款中扣除相应金额直接付给指定分包商。

3. FIDIC《施工合同条件》中的争端解决

在FIDIC《施工合同条件》实施过程中，争端的解决方式有裁决、协商、仲裁等。

（1）裁决

FIDIC《施工合同条件》规定，争端避免/裁决委员会（Dispute Avoidance/Adjudication Board，DAAB）是一个常设机构，在项目开工后要尽快成立DAAB。DAAB要定期与各方会面并进行现场考察。合同争端应提交DAAB裁决。

1）DAAB的委任。DAAB是根据投标书附录中的规定由合同双方共同设立的。DAAB由1人或3人组成，如果投标书附录中没有注明成员的数目，且合同双方没有其他协议，则DAAB应包含3名成员。若DAAB成员为3人，则由合同双方各提名一位成员供对方认可，双方共同确定第三位成员作为主席。如果合同中有DAAB成员的意向性名单，则必须从该名单中进行选择，除非被选择的成员不能或不愿接受DAAB的委任。合同双方应当共同商定对DAAB成员的支付条件，并由双方各支付酬金的一半。

任何成员的委任只有在合同双方同意的情况下才能终止，业主或承包商各自的行动将不能终止此类委任。

2）DAAB对争端的裁决。DAAB可应合同双方的共同要求，非正式地参与或尝试进行合同双方潜在问题或分歧的处理。如果在合同双方之间产生起因于合同或实施过程或与之相关的任何争端（任何种类），包括对（咨询）工程师任何证书的签发、决定、指示、意见或估价的任何争端，任何一方都可以将此类争端事宜以书面形式提交DAAB，供其裁定，并将副本送交另一方和（咨询）工程师。

DAAB在收到书面报告后84天内对争端作出裁决，并说明理由。如果合同一方对DAAB的裁决不满，则应在收到裁决后的28天内向合同对方发出表示不满的通知，并说明理由，表明准备提请仲裁。如果DAAB未在84天内对争端作出裁决，则双方中的任何一方均有权在84天期满后的28天内向对方发出要求仲裁的通知。如果双方接受DAAB的裁决，或者没有按规定发出表示不满的通知，则该裁决将成为最终的决定并对合同双方均具有约束力。

DAAB的裁决作出后，在未通过友好解决或仲裁改变该裁决之前，双方应当执行该裁决。

（2）协商

在合同发生争端时，如果双方能通过协商达成一致，要比通过仲裁、诉讼程序解决争端好得多。这样既能节省时间和费用，也不会伤害双方的感情，使双方的良好合作关系能够得以保持。事实上，在国际工程承包合同中产生的争端大都可通过协商得到解决。

合同当事人一方或双方发出表示对裁决不满的通知后，合同双方在仲裁开始前应尽力以协商方式解决争端。除非合同双方另有协议，否则，仲裁将在表示不满的通知发出后第56天或此后开始，即使双方未曾作过协商解决的努力。

（3）仲裁

仲裁不仅在于寻找一条解决争端的途径和方法，更重要的是仲裁条款的出现使当事人双方失去了通过诉讼程序解决合同争端的权利。因为当事人在仲裁与诉讼中只能选择一种解决方法，因此，该规定实际决定了合同当事人只能将提交仲裁作为解决争端的最后办法。

除非通过友好解决，否则，如果DAAB有关争端的决定未能成为最终决定并具有约束力时，此类争端应由国际仲裁机构最终裁决。

仲裁人应有全权公开、审查和修改（咨询）工程师任何证书的签发、决定、指示、意见或估价，以及进行任何与DAAB有关争端事宜的裁决的权力。（咨询）工程师有权作为证人向仲裁人提供任何与争端有关的证据。

合同双方的任一方在上述仲裁人的仲裁过程中均不受以前为取得争端裁决委员会的决定而提供的证据或论据或其不满意通知中提出的不满理由的限制。在仲裁过程中，可将DAAB的决定作为一项证据。

工程竣工之前或之后均可开始仲裁。但在工程进行过程中，合同双方、（咨询）工程师以及DAAB的各自义务不得因任何仲裁正在进行而改变。

仲裁裁决具有法律效力。但仲裁机构无权强制执行，如一方当事人不履行裁决，另一方当事人可向法院申请强制执行。

5.3　施工投标报价与评标

5.3.1　施工投标报价策略

投标报价策略是指投标单位在投标竞争中的系统工作部署及参与投标竞争的方式和手段。对投标单位而言，投标报价策略是投标取胜的重要方式、手段和艺术。投标报价策略可分为基本策略和报价技巧两个层面。

1. 基本策略

投标报价的基本策略主要是指投标单位根据招标项目特点，并考虑自身优势和劣势，选择不同报价。

（1）可选择报高价的情形

投标单位遇下列情形时，其报价可高一些：施工条件差的工程（如条件艰苦、场地狭小或地处交通要道等）；专业要求高的技术密集型工程且投标单位在这方面有专长，声望也较高；总价低的小工程，以及投标单位不愿做而被邀请投标，又不便不投标的工程；特殊工程，如港口码头、地下开挖工程等；投标对手少的工程；工期要求紧的工程；支付条件不理想的工程。

（2）可选择报低价的情形

投标单位遇下列情形时，其报价可低一些：施工条件好的工程，工作简单、工程量大而其他投标人都可以做的工程（如大量土方工程、一般房屋建筑工程等）；投标单位急于打入某一市场、某一地区，或虽已在某一地区经营多年，但即将面临没有工程的情况，机械设备无工地转移时；附近有工程而本项目可利用该工程的设备、劳务或有条件短期内突击完成的工程；投标对手多，竞争激烈的工程；非急需工程；支付条件好的工程。

2. 报价技巧

报价技巧是指投标中具体采用的对策和方法，常用的报价技巧有不平衡报价法、多方案报价法、无利润竞标法和突然降价法等。此外，对于计日工、暂定金额、可供选择的项目等也有相应的报价技巧。

（1）不平衡报价法

不平衡报价法是指在不影响工程总报价的前提下，通过调整内部各个项目的报价，以达到既不提高总报价、不影响中标，又能在结算时得到更理想的经济效益的报价方法。不平衡报价法适用于以下几种情况：

1）能够早日结算的项目（如前期措施费、基础工程、土石方工程等）可以适当提高报价，以利资金周转，提高资金时间价值。后期工程项目（如设备安装、装饰工程等）的报价可适当降低。

2）经过工程量核算，预计今后工程量会增加的项目，适当提高单价，这样在最终结算时可多盈利；而对于将来工程量有可能减少的项目，适当降低单价，这样在工程结算时不会有太大损失。

3）设计图纸不明确、估计修改后工程量要增加的，可以提高单价；而工程内容说明不清楚的，则可降低一些单价，在工程实施阶段通过索赔再寻求提高单价的机会。

4）对暂定项目要作具体分析。因为这一类项目要在开工后由建设单位研究决定是否实施，以及由哪一家承包单位实施。如果工程不分标，不会另由一家承包单位施工，则其中肯定要施工的单价可报高些，不一定要施工的报价则应低些。如果工程分标，该暂定项目也可能由其他承包单位施工时，则不宜报高价，以免抬高总报价。

5）单价与包干混合制合同中，招标人要求有些项目采用包干报价时，宜报高价。一则这类项目多半有风险，二则这类项目在完成后可全部按报价结算。对于其余单价项目，则可适当降低报价。

6）有时招标文件要求投标单位对工程量大的项目报"综合单价分析表"，投标时可将单价分析表中的人工费及机械设备费报得高一些，而材料费报得低一些。这主要是为在今后补充项目报价时，可以参考选用"综合单价分析表"中较高的人工费和机械费，而材料则往往采用市场价，因而可获得较高的收益。

（2）多方案报价法

多方案报价法是指在投标文件中报两个价：一个是按招标文件的条件报一个价；另一个是加注解的报价，即如果某条款作某些改动，报价可降低多少。这样可降低总报价，吸引招标人。

多方案报价法适用于招标文件中的工程范围不很明确，条款不很清楚或很不公正，或技术规范要求过于苛刻的工程。采用多方案报价法可降低投标风险，但投标工作量较大。

（3）无利润报价法

对于缺乏竞争优势的施工单位，在不得已时可采用根本不考虑利润的报价方法，以获得中标机会。无利润报价法通常在下列情形时采用：

1）有可能在中标后，将大部分工程分包给索价较低的一些分包单位；

2）对于分期建设的工程项目，先以低价获得首期工程，而后赢得机会创造第二期工程中的竞争优势，并在以后的工程实施中获得盈利；

3）较长时期内，投标单位没有在建工程项目，如果再不中标，就难以维持生存。因此，虽然本工程无利可图，但只要能有一定的管理费维持公司的日常运转，就可设法渡过暂时困难，以图将来东山再起。

（4）突然降价法

突然降价法是指先按一般情况报价或表现出自己对该工程兴趣不大，等快到投标截止时，再突然降价。采用突然降价法，可以迷惑对手，提高中标概率。但对投标单位的分析判断和决策能力要求很高，要求投标单位能全面掌握和分析信息，作出正确判断。

（5）其他报价技巧

1）计日工单价的报价。如果是单纯报计日工单价，且不计入总报价中，则可报高些，以便在建设单位额外用工或使用施工机械时多盈利。但如果计日工单价要计入总报价时，则需具体分析是否报高价，以免抬高总报价。总之，要分析建设单位在开工后可能使用的计日工数量，再来确定报价策略。

2）暂定金额的报价。暂定金额的报价有以下三种情形：

①招标单位规定了暂定金额的分项内容和暂定总价款，并规定所有投标单位都必须在总报价中加入这笔固定金额，但由于分项工程量不很准确，允许将来按投标单位所报单价和实际完成的工程量付款。这种情况下，由于暂定总价款是固定的，对各投标单位的总报价水平竞争力没有任何影响，因此，投标时应适当提高暂定金额的单价。

②招标单位列出了暂定金额的项目和数量，但并没有限制这些工程量的估算总价，要求投标单位既列出单价，也应按暂定项目的数量计算总价，当将来结算付款时可按实际完成的工程量和所报单价支付。这种情况下，投标单位必须慎重考虑。如果单价定得高，与其他工程量计价一样，将会增大总报价，影响投标报价的竞争力；如果单价定得低，将来这类工程量增大，会影响收益。一般来说，这类工程量可以采用正常价格。如果投标单位估计今后实际工程量肯定会增大，则可适当提高单价，以在将来增加额外收益。

③只有暂定金额的一笔固定总金额，将来这笔金额做什么用，由招标单位确定。这种情况对投标竞争没有实际意义，按招标文件要求将规定的暂定金额列入总报价即可。

3）可供选择项目的报价。有些工程项目的分项工程，招标单位可能要求按某一方案报价，而后再提供几种可供选择方案的比较报价。投标时，应对不同规格情况下的价格进行调查，对于将来有可能被选择使用的规格应适当提高其报价；对于技术难度大或其他原因导致的难以实现的规格，可将价格有意抬高得更多一些，以阻挠招标单位选用。但是，所谓"可供选择项目"，是招标单位进行选择，并非由投标单位任意选择。因此，适当提高可供选择项目的报价并不意味着肯定可以取得较好的利润，只是提供了一种可能性，只有招标单位今后选用，投标单位才可得到额外利益。

4）增加建议方案。招标文件中有时规定，可提一个建议方案，即可以修改原设计方案，提出投标单位的方案。这时投标单位应抓住机会，组织一批有经验的设计和施工工程师仔细研究招标文件中的设计和施工方案，提出更为合理的方案以吸引建设单位，促成自己的方案中标。这种新建议方案可以降低总造价或缩短工期，或使工程实施方案更为合理。但要注意，对原招标方案一定也要报价。建议方案不要写得太具体，要保留方案的技术关键，防止招标单位将此方案交给其他投标单位。同时要强调的是，建议方案一定要比较成熟，具有较强的可操作性。

5）采用分包商的报价。总承包商通常应在投标前先取得分包商的报价，并增加总承包商摊入的管理费，将其作为自己投标总价的一个组成部分一并列入报价单中。应当注意，分包商在投标前可能同意接受总承包商压低其报价的要求，但等总承包商中标后，他们常以种种理由要求提高分包价格，这将使总承包商处于十分被动的地位。为此，总承包商应在投标前找几家分包商分别报价，然后选择其中一家信誉较好、实力较强和报价合理的分包商签订协议，同意该分包商作为分包工程的唯一合作者，并将分包商的姓名列到投标文件中，但要求该分包商相应地提交投标保函。如果该分包商认为总承包商确实有可能中标，也许愿意接受这一条件。这种将分包商的利益与投标单位捆在一起的做法，不但可以防止分包商事后反悔和涨价，还可能迫使分包商报出较合理的价格，以便共同争取中标。

6）许诺优惠条件。投标报价中附带优惠条件是一种行之有效的手段。招标单位在评标时，除了主要考虑报价和技术方案外，还要分析其他条件，如工期、支付条件等。因此，在投标时主动提出提前竣工、低息贷款、赠给施工设备、免费转让新技术或某种技术专利、免费技术协作、代为培训人员等，均是吸引招标单位、利于中标的辅助手段。

5.3.2　施工评标与授标

1. 评标委员会及其组建

根据《评标委员会和评标方法暂行规定》（七部委第12号），评标委员会由招标单位负责组建。评标委员会成员名单一般应于开标前确定，并应在中标结果确定前保密。

（1）评标委员会的组成

评标委员会由招标单位或其委托的招标代理机构熟悉相关业务的代表，以及有关技术、经济等方面的专家组成，成员人数为5人以上单数，其中，技术、经济等方面的专家不得少于成员总数的2/3。评标委员会设负责人的，评标委员会负责人由评标委员会成员推举产生或者由招标单位确定。评标委员会负责人与评标委员会的其他成员有同等的表决权。

（2）评标委员会中专家成员的确定及要求

1）评标专家的确定。评标委员会的专家成员应当从省级以上人民政府有关部门提供的专家名册或者招标代理机构专家库中的相关专家名单中确定。评标专家的确定，可采取随机抽取或直接确定的方式。一般项目，可采取随机抽取的方式；技术特别复杂、专业性强或国家有特殊要求的招标项目，采取随机抽取方式确定的专家难以胜任的，可由招标单位直接确定。

2）评标专家的基本条件。评标专家应符合下列条件：

①从事相关专业领域工作满8年，并具有高级职称或者同等专业水平；

②熟悉有关招标投标的法律法规，并具有与招标项目相关的实践经验；

③能够认真、公正、诚实、廉洁地履行职责。

3）不得担任评标委员会成员的情形。有下列情形之一的，不得担任评标委员会成员，应当回避：

①招标单位或投标单位主要负责人的近亲属；

②项目主管部门或者行政监督部门的人员；

③与投标单位有经济利益关系，可能影响对投标公正评审的；

④曾因在招标、评标以及其他与招标投标有关活动中从事违法行为而受过行政处罚或刑事处罚的。

4）评标委员会成员应当客观、公正地履行职责，遵守职业道德，对所提出的评审意见承担个人责任。

①评标委员会成员不得与任何投标单位或与招标结果有利害关系的人进行私下接触，不得收受投标单位、中介机构、其他利害关系人的财物或者其他好处。

②评标委员会成员不得透露对投标文件的评审和比较、中标候选人的推荐情况以及与评标有关的其他情况。

2. 评标准备与初步评审

（1）评标准备

评标委员会成员应当编制供评标使用的相应表格，认真研究招标文件，至少应了解和熟悉以下内容：

1）招标目标；

2）招标项目范围和性质；

3）招标文件中规定的主要技术要求、标准和商务条款；

4）招标文件规定的评标标准、评标方法和在评标过程中考虑的相关因素。

招标单位或其委托的招标代理机构应当向评标委员会提供评标所需的重要信息和数据。招标项目设有标底的，标底应保密，并在开标时公布。评标时，标底仅作为参考，不得以投标报价是否接近标底作为中标条件，也不得以投标报价超过标底上下浮动的范围作为否决投标的条件。

评标委员会应根据招标文件规定的评标标准和方法，对投标文件进行系统地评审和比较。招标文件没有规定的标准和方法不得作为评标的依据。因此，了解招标文件规定的评标标准和方法，也是评标委员会成员应完成的重要准备工作。

（2）初步评审

根据九部委颁布的《标准施工招标文件》，初步评审属于对投标文件的合格性审查，包括以下四方面。

1）投标文件的形式审查。其包括：

①提交的营业执照、资质证书、安全生产许可证是否与投标单位的名称一致；

②投标函是否经法定代表人或其委托代理人签字并加盖单位章；

③投标文件的格式是否符合招标文件的要求；

④联合体投标人是否提交了联合体协议书；联合体的成员组成与资格预审的成员组成有无变化；联合体协议书的内容是否与招标文件要求一致；

⑤报价的唯一性。不允许投标单位以优惠的方式，提出如果中标可将合同价降低多少的承诺。这种优惠属于一个投标两个报价。

2）投标者资格审查。对于未进行资格预审的，需要进行资格后审，资格审查的内容和方法与资格预审相同，其包括：营业执照、资质证书、安全生产许可证等资格证明文件的有效性；企业财务状况；类似项目业绩；信誉；项目经理；正在施工和承接的项目情况；近年发生的诉讼及仲裁情况；联合体投标的申请人提交联合体协议书的情况等。

3）投标文件对招标文件的响应性审查。其包括：

①投标内容是否与投标须知中的工程或标段一致，不允许只投招标范围内的部分专业工程或单位工程的施工。

②投标工期应满足投标须知中的要求，承诺的工期可以比招标工期短，但不得超过要求的时间。

③工程质量的承诺和质量管理体系应满足要求。

④提交的投标保证金形式和金额是否符合投标须知的规定。

⑤投标单位是否完全接受招标文件中的合同条款，如果有修改建议的话，不得对双方的权利、义务有实质性背离且是否为招标单位所接受。

⑥核查已标价的工程量清单。如果有计算错误，单价金额小数点有明显错误的除外，总价金额与依据单价计算出的结果不一致时，以单价金额为准修正总价；若是书写错误，当投标文件中的大写金额与小写金额不一致时，以大写金额为准。评标委员会对投标报价的错误予以修正后，请投标单位书面确认，作为投标报价的金额。投标单位不接受修正价格的，其投标作废标处理。

⑦投标文件是否对招标文件中的技术标准和要求提出不同意见。

4）施工组织设计和项目管理机构设置的合理性审查。其包括：

①施工组织的合理性。其包括：施工方案与技术措施；质量管理体系与措施；安

全生产管理体系与措施；环境保护管理体系与措施等的合理性和有效性。

②施工进度计划的合理性。其包括：总体工程进度计划和关键部位里程碑工期的合理性及施工措施的可靠性；机械和人力资源配备计划的有效性及均衡施工程度。

③项目组织机构的合理性。其包括：技术负责人的经验和组织管理能力；其他主要人员的配置是否满足实施招标工程的需要及技术和管理能力。

④拟投入施工的机械和设备。其包括：施工设备的数量、型号能否满足施工的需要；试验、检测仪器设备是否能够满足招标文件的要求等。

初步评审内容中，投标文件有一项不符合规定的评审标准时，即作废标处理。

（3）投标文件的澄清和说明

评标委员会可以书面方式要求投标单位对投标文件中含意不明确的内容作必要的澄清、说明或补正，但是澄清、说明或补正不得超出投标文件的范围或者改变投标文件的实质性内容。

投标单位资格条件不符合国家有关规定和招标文件要求的，或者拒不按照要求对投标文件进行澄清、说明或者补正的，评标委员会可以否决其投标。

评标委员会发现投标单位的报价明显低于其他投标报价或者在设有标底时明显低于标底，使得其投标报价可能低于其个别成本的，应要求该投标单位作出书面说明并提供相关证明材料。投标单位不能合理说明或者不能提供相关证明材料的，由评标委员会认定该投标单位以低于成本报价竞标，其投标应作废标处理。

（4）投标偏差及其处理

评标委员会应当根据招标文件，审查并逐项列出投标文件的全部投标偏差。投标偏差分为重大偏差和细微偏差。

1）重大偏差。下列情况属于重大偏差：

①没有按照招标文件要求提供投标担保或者所提供的投标担保有瑕疵；

②投标文件没有投标单位授权代表签字和加盖公章；

③投标文件载明的招标项目完成期限超过招标文件规定的期限；

④明显不符合技术规格、技术标准的要求；

⑤投标文件载明的货物包装方式、检验标准和方法等不符合招标文件的要求；

⑥投标文件附有招标单位不能接受的条件；

⑦不符合招标文件中规定的其他实质性要求。

投标文件有上述情形之一的，为未能对招标文件作出实质性响应，除招标文件对重大偏差另有规定外，应作废标处理。

2）细微偏差。细微偏差是指投标文件在实质上响应招标文件要求，但在个别地方存在漏项或者提供了不完整的技术信息和数据等情况，并且补正这些遗漏或者不完整不会对其他投标单位造成不公平的结果。细微偏差不影响投标文件的有效性。

评标委员会应当书面要求存在细微偏差的投标单位在评标结束前予以补正。拒不补正的，在详细评审时可以对细微偏差作不利于该投标单位的量化，量化标准应在招标文件中规定。

3. 详细评审

经初步评审合格的投标文件，评标委员会应根据招标文件确定的评标标准和方法，对其技术部分和商务部分作进一步评审、比较。通常情况下，评标方法有两种，即：经评审的最低投标价法和综合评估法。

（1）经评审的最低投标价法

经评审的最低投标价法一般适用于采用通用技术施工，项目的性能标准为规范中的一般水平，或者招标单位对施工没有特殊要求的招标项目。能够满足招标文件的实质性要求，并经评审的最低投标价的投标，应当推荐为中标候选人。

采用经评审的最低投标价法时，评标委员会应根据招标文件中规定的量化因素和标准进行价格折算，对所有投标单位的投标报价以及投标文件的商务部分作必要的价格调整。根据《标准施工招标文件》，主要的量化因素包括单价遗漏和付款条件等，招标单位可根据工程项目的具体特点和实际需要，进一步删减、补充或细化量化因素和标准。另如世界银行贷款项目，采用经评审的最低投标价法时，通常考虑的量化因素和标准包括：一定条件下的优惠（借款国国内投标单位有7.5%的评标优惠）；工期提前的效益对报价的修正；同时投多个标段的评标修正等。所有的这些修正因素都应在招标文件中有明确规定。对同时投多个标段的评标修正，一般的做法是，如果投标单位在某一个标段已中标，则在其他标段的评标中按照招标文件规定的百分比（通常为4%）乘以总报价后，在评标价中扣减此值。

根据经评审的最低投标价法完成详细评审后，评标委员会应当拟定一份"价格比较一览表"，连同书面评标报告提交招标单位。"价格比较一览表"应当载明投标单位的投标报价、对商务偏差的价格调整和说明以及已评审的最终投标价。

评标委员会按照经评审的投标价由低到高的顺序推荐中标候选人，或根据招标单位授权直接确定中标单位。经评审的投标价相等时，投标报价低的优先；投标报价也相等的，由招标单位自行确定。

（2）综合评估法

不宜采用经评审的最低投标价法的招标项目，一般应当采取综合评估法进行评审。综合评估法适用于较复杂工程项目的评标，由于工程投资额大、工期长、技术复杂、涉及专业面广，施工过程中存在较多的不确定因素，因此，对投标文件评审比较的主导思想是选择价格功能比最好的投标单位，而不过分偏重于投标价格的高低。

综合评估法是指将各个评审因素（包括技术部分和商务部分）以折算为货币或打分的方法进行量化，并在招标文件中明确规定需量化的因素及其权重，然后由评标委员会计算出每一投标的综合评估价或综合评估分，并将最大限度地满足招标文件中规定的各项综合评价标准的投标，推荐为中标候选人。

采用打分法时，评标委员会按规定的评分标准进行打分，并按得分由高到低顺序推荐中标候选人，或根据招标单位授权直接确定中标单位。综合评分相等时，以投标报价低的优先；投标报价也相等的，由招标单位自行确定。

根据综合评估法完成评标后，评标委员会应当拟定一份"综合评估比较表"，连同书面评标报告提交招标单位。"综合评估比较表"应当载明投标单位的投标报价、所作的任何修正、对商务偏差的调整、对技术偏差的调整、对各评审因素的评估以及对每一投标的最终评审结果。

4. 评标报告

除招标单位授权直接确定中标单位外，评标委员会完成评标后，应当向招标单位提交书面评标报告，并抄送有关行政监督部门。评标报告应如实记载以下内容：

（1）基本情况和数据表；

（2）评标委员会成员名单；

（3）开标记录；

（4）符合要求的投标一览表；

（5）废标情况说明；

（6）评标标准、评标方法或者评标因素一览表；

（7）经评审的价格或者评分比较一览表；

（8）经评审的投标单位排序；

（9）推荐的中标候选人名单与签订合同前要处理的事宜；

（10）澄清、说明、补正事项纪要。

评标报告应由评标委员会全体成员签字。对评标结果有不同意见的评标委员会成员应以书面形式说明其不同意见和理由，评标报告应注明不同意见。评标委员会成员拒绝在评标报告上签字又不书面说明其不同意见和理由的，视为同意评标结果。

5. 授标

（1）中标单位的确定

对使用国有资金投资或者国家融资的项目，招标单位应确定排名第一的中标候选人为中标单位。排名第一的中标候选人放弃中标、因不可抗力提出不能履行合同，或者招标文件规定应当提交履约保证金而在规定的期限内未能提交的，招标单位可确定排名第二的中标候选人为中标单位。排名第二的中标候选人因上述同样原因不能签订合同的，招标单位可以确定排名第三的中标候选人为中标单位。

招标单位也可授权评标委员会直接确定中标单位。

（2）中标通知

中标单位确定后，招标单位应向中标单位发出中标通知书，并同时将中标结果通知所有未中标的投标单位。中标通知书对招标单位和中标单位具有法律效力。中标通知书发出后，招标单位改变中标结果，或者中标单位放弃中标项目的，应当依法承担法律责任。

6. 履约担保与合同签订

（1）履约担保

在签订合同前，中标单位以及联合体中标人应按招标文件规定的金额、担保形式和履约担保格式，向招标单位提交履约担保。履约担保一般采用银行保函和履约担保书的形式，履约担保金额一般为中标价的10%。中标单位不能按要求提交履约担保的，视为放弃中标，其投标保证金不予退还，给招标单位造成的损失超过投标保证金数额的，中标单位还应对超过部分予以赔偿。中标后的承包商应保证其履约担保在建设单位颁发工程接收证书前一直有效。建设单位应在工程接收证书颁发后28天内将履约担保退还给承包商。

（2）合同签订

招标单位与中标单位应在自中标通知书发出之日起30天内，根据招标文件和中标单位的投标文件订立书面合同。一般情况下，中标价就是合同价。招标单位与中标单位不得再行订立背离合同实质性内容的其他协议。

中标单位无正当理由拒签合同的，招标单位取消其中标资格，其投标保证金不予退还；给招标单位造成的损失超过投标保证金数额的，中标单位还应对超过部分予以赔偿。发出中标通知书后，招标单位无正当理由拒签合同的，招标单位向中标单位退还投标保证金；给中标单位造成损失的，还应当赔偿损失。招标单位与中标单位签订合同后5个工作日内，应当向中标单位和未中标的投标单位退还投标保证金。

复习思考题

1. 工程施工招标可采用哪些方式？招标程序是什么？
2. 工程施工标段划分应考虑哪些因素？
3. 施工合同计价方式有哪些？各自适用前提及特点是什么？
4. 施工招标文件包括哪些内容？施工招标文件编制有哪些要求？
5. 国内外施工合同示范文本有哪些？
6. 施工投标报价可采用哪些策略？各自适用前提是什么？
7. 施工评标内容和方法有哪些？投标偏差有哪些要求？
8. 履约担保有何要求？

6

施工阶段造价管理

【学习目标】

施工阶段是工程实体形成阶段，也是工程费用发生的主要阶段。在此阶段控制工程造价的工作内容如图6-1所示，主要包括：编制资金使用计划、施工成本管理、工程计量与结算管理、工程变更与索赔管理、工程费用动态监控等。

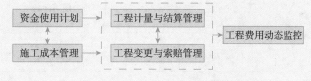

图6-1 施工阶段造价管理主要内容

通过学习本章，应掌握如下内容：

（1）资金使用计划；

（2）施工成本管理；

（3）工程变更与索赔管理；

（4）工程费用动态监控；

（5）工程计量与结算管理。

6.1 资金使用计划

资金使用计划是指建设单位或其委托的咨询单位在工程项目结构分解的基础上，将工程造价总目标值逐层分解到各个工作单元，形成详细的各分目标值，从而可以定期将工程项目中各子目标实际支出额与计划目标值进行比较，便于及时发现偏差，找出偏差原因并及时采取纠偏措施。

资金使用计划对工程造价的重要影响主要体现在三方面：首先，通过编制资金使用计划，可以合理地确定工程造价控制总目标值和分目标值，为工程造价管理提供依据；其次，通过编制资金使用计划，可以对工程建设资金使用进行预测，减少资金使用的盲目性，使现有资金充分发挥作用；第三，通过资金使用计划的严格执行，可以有效地控制工程造价，最大限度地节约投资，提高投资效益。

依据工程项目结构分解方法不同，资金使用计划的编制方法也有所不同。常用的资金使用计划编制方法有三种：按工程造价构成编制；按工程项目组成编制；按工程进度编制。这三种不同的编制方法可以有效地结合起来，形成一个详细完备的资金使用计划体系。

6.1.1 按工程造价构成编制资金使用计划

工程造价主要分为建筑安装工程费、设备工器具费和工程建设其他费三部分，按工程造价构成编制的资金使用计划也可分为建筑安装工程费使用计划、设备工器具费使用计划和工程建设其他费使用计划。每部分费用比例根据以往类似工程经验或已建立的造价数据库确定，也可根据拟建工程实际情况作出适当调整，每一部分费用还可作进一步细分。这种编制方法比较适合于有大量经验数据的工程项目。

按工程造价构成编制的资金使用计划示意图如图6-2所示。

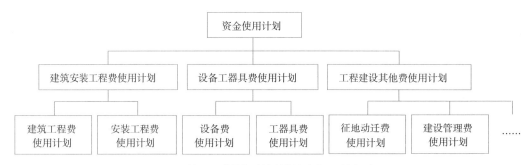

图6-2　按工程造价构成编制的资金使用计划示意图

6.1.2 按工程项目组成编制资金使用计划

大中型工程项目一般由多个单项工程组成，每个单项工程又可细分为不同的单位工程，进而分解为不同分部工程、分项工程。设计概算、施工图预算都是按单项工程和单位工程编制的，因此，按工程项目组成编制资金使用计划比较简单、易于操作。

1. 按工程项目构成恰当分解资金使用计划总额

为了按不同子项划分资金使用额，首先必须对工程项目进行合理划分，划分的粗细程度根据实际需要而定。一般来说，将工程造价目标分解到各单项工程、单位工程比较容易，结果也比较合理可靠。按这种方式分解时，不仅要分解建筑安装工程费，而且要分解设备工器具费及工程建设其他费、预备费、建设期贷款利息等。

建筑安装工程费中的人工费、材料费、施工机具使用费等直接费，可直接分解到各工程分项。而企业管理费、利润、规费、税金则不宜直接进行分解。措施项目费应分析具体情况，将其中与各工程分项有关的费用（如二次搬运费、检验试验费等）分离出来，按一定比例分解到相应的工程分项；其他与单位工程、分部工程有关的费用（如临时设施费、保险费等），则不能分解到各工程分项。

2. 编制各工程分项的资金使用计划

将工程造价目标分解后，应确定各工程分项的资金支出预算。工程分项的资金支出预算一般可按下式计算：

$$工程分项支出预算 = 核实工程量 \times 单价 \tag{6-1}$$

式（6-1）中，核实工程量可反映并消除实际与计划（如投标书）差异，单价则在上述建筑安装工程费分解的基础上确定。

3. 编制详细的资金使用计划表

各工程分项的详细资金使用计划表应包括：工程分项编号、工程内容、计量单位、工程数量、单价、工程分项总价等内容（见表6-1）。

资金使用计划表　　　　　　　　　　　　　表 6-1

序号	工程分项编号	工程内容	计量单位	工程数量	单价	工程分项总价	备注

在编制资金使用计划时，应在主要工程分项中适当考虑不可预见费。此外，对于实际工程量与计划工程量（如工程量清单）的差异较大者，还应特殊标明，以便在实施中主动采取必要的造价控制措施。

6.1.3　按工程进度编制资金使用计划

投入到工程项目的资金是分阶段、分期支出的，资金使用是否合理与施工进度安排密切相关。为了编制资金使用计划，并据此筹集资金，尽可能减少资金占用和利息支付，有必要将工程项目资金使用额按施工进度进行分解，以确定各施工阶段具体的目标值。按工程进度编制资金使用计划的步骤如下。

1. 编制工程施工进度计划

应用工程网络计划技术，编制工程网络进度计划，计算相应时间参数，并确定关键路线。

2. 计算单位时间的资金支出目标

根据单位时间（月、旬或周）拟完成的实物工程量、投入的资源数量，计算相应资金支出额，并在时标网络图上绘制单位时间资金需求曲线。

3. 计算规定时间内资金累计支出额

若q_n为单位时间内资金支出计划数额，t为规定的计算时间，相应的资金累计支出额Q_t可按式（6-2）计算：

$$Q_t=\sum_{n=1}^{t} q_n \tag{6-2}$$

4. 绘制随工程进度的资金使用计划S曲线

按规定的时间绘制资金使用与工程进度相关的S曲线。每一条S曲线都对应某一特定的工程进度计划。由于在工程网络进度计划中存在许多有时差的工作，因此，资金使用计划S曲线必然包含在全部工作均按最早开始时间（ES）开始和全部工作均按最迟开始时间（LS）开始所形成的曲线所组成的"香蕉图"内，如图6-3所示。

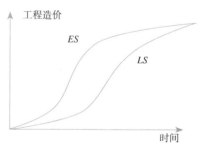

图6-3 工程造价"香蕉图"

建设单位可根据编制的投资支出预算来安排资金，也可根据筹措的建设资金来调整S曲线。一般而言，所有工作都按最早开始时间开始，对施工单位尽早获得工程款是有利的；所有工作都按最迟开始时间开始，对建设单位节约建设资金贷款利息是有利的，但同时也会降低工程按期竣工的保证率。因此，必须合理确定建设资金使用计划，达到既节约投资支出、又保证工程按期完成的目的。

6.2 施工成本管理

6.2.1 施工成本管理流程

施工成本管理是一个施工成本管理各环节有机联系与相互制约的系统过程，施工成本管理流程如图6-4所示。

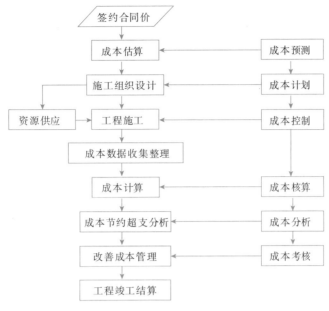

图 6-4　施工成本管理流程图

成本预测是成本计划的基础，成本计划又是开展成本控制和成本核算的基础；成本控制能够保证成本计划的实现，而成本核算又是检查判断成本计划是否实现的重要环节，成本核算所提供的成本信息又是成本预测、成本计划、成本控制和成本考核等的依据；成本分析可为成本考核提供依据，也可为未来的成本预测和成本计划指明方向；成本考核还是落实成本目标责任制的保证和手段。

6.2.2　施工成本管理内容和方法

1. 施工成本预测

施工成本预测是指施工单位及其项目经理部有关人员凭借历史数据和工程经验，运用一定方法对工程项目未来的成本水平及可能的发展趋势作出科学估计。施工成本预测是施工成本计划的依据。进行施工成本预测时，通常是对工程项目计划工期内影响成本的因素进行分析，比照近期已完工程项目或将完工程项目的成本（单位成本），预测这些因素对施工成本的影响程度，估算出工程项目的单位成本或总成本。

施工成本预测方法可分为定性预测和定量预测两大类。

（1）定性预测

定性预测是指施工成本管理人员根据专业知识和实践经验，通过调查研究，利用已有资料，对成本费用的发展趋势及可能达到的水平所进行的分析和推断。由于定性预测主要依靠管理人员的素质和判断能力，因而这种方法必须建立在对工程项目成本费用的历史资料、现状及影响因素深刻了解的基础之上。这种方法简便易行，在资料不多、难以进行定量预测时最为适用。最常用的定性预测方法是调查研究判断法，具体方式有：座谈会法和函询调查法。

（2）定量预测

定量预测是指利用历史成本费用统计资料及成本费用与影响因素之间的数量关系，通过建立数学模型来推测、计算未来成本费用的可能结果。常用的施工成本定量预测方法有加权平均法、回归分析法等。

2. 施工成本计划

施工成本计划是指在施工成本预测的基础上，施工单位及其项目经理部对计划期内工程项目成本水平所作的筹划。施工成本计划是以货币形式表达的工程项目在计划期内的生产费用、成本水平及为降低成本采取的主要措施和规划的具体方案。施工成本计划是目标成本的一种表达形式，是建立施工项目成本管理责任制、开展施工成本控制和施工成本核算的基础，是进行施工成本控制的主要依据。

（1）施工成本计划内容

施工成本计划一般由直接成本计划和间接成本计划组成。

1）直接成本计划。直接成本计划主要反映施工项目直接成本的预算额、计划降低额及计划降低率。主要包括施工项目成本目标及核算原则、降低成本计划表或总控制方案、对成本估算过程的说明及对降低成本途径的分析等。

2）间接成本计划。间接成本计划主要反映施工项目间接成本的计划数及降低额。在编制计划时，成本项目应与会计核算中间接成本项目的内容一致。

此外，施工成本计划还应包括项目经理对可控责任目标成本进行分解后形成的各个实施性计划成本，即各责任中心的责任成本计划。责任成本计划又包括年度、季度和月度责任成本计划。

（2）施工成本计划编制方法

施工成本计划编制方法主要有以下几种。

1）目标利润法。目标利润法是指根据工程项目合同价格扣除目标利润后得到目标成本的方法。在采用正确的投标策略和方法以最理想的投标价中标后，从标价中扣除预期利润、税金、应上缴的管理费等后的余额即为工程项目实施中所能支出的最大限额。

2）技术进步法。技术进步法是以工程项目计划采取的技术组织措施和节约措施所能取得的经济效果为项目成本降低额，求得项目目标成本的方法。即：

$$项目目标成本 = 项目成本估算值 - 技术节约措施计划节约额（或降低成本额）$$

$$(6-3)$$

3）按实计算法。按实计算法是指以工程项目的实际资源消耗测算为基础，根据所需资源的实际价格，详细计算各项活动或各项成本组成的目标成本，即：

$$人工费 = \sum 各类人员计划用工量 \times 实际工资标准 \qquad (6-4)$$

$$材料费 = \sum 各类材料的计划用量 \times 实际材料基价 \quad (6\text{-}5)$$

$$施工机具使用费 = \sum 各类机具的计划台班量 \times 实际台班单价 \quad (6\text{-}6)$$

在此基础上，由项目经理部生产和财务管理人员结合施工技术和管理方案等测算措施费、项目经理部的管理费等，最后构成工程项目目标成本。

4）定率估算法（历史资料法）。首先将工程项目分为若干子项目，参照同类工程项目的历史数据，采用算术平均法计算子项目目标成本降低率和降低额，然后再汇总整个工程项目的目标成本降低率、降低额。在确定子项目成本降低率时，可采用加权平均法或三点估算法。当工程项目非常庞大和复杂时，可采用定率估算法编制施工成本计划。

3. 施工成本控制

施工成本控制是指在工程项目实施过程中，对影响工程项目成本的各项要素，即施工生产所耗费的人力、物力和各项费用开支，采取一定措施进行动态监测，及时预防、发现和纠正偏差，保证工程项目成本目标的实现。施工成本控制是施工成本管理的核心内容，也是施工成本管理中不确定因素最多、最复杂、最基础的管理内容。

（1）施工成本控制过程

施工成本控制包括计划预控、过程监控和纠偏调整三个重要环节。

1）计划预控。计划预控是指应运用计划管理手段事先做好各项施工活动的成本安排，使工程项目预期成本目标的实现建立在有充分技术和管理措施保障的基础上，为工程项目技术与资源的合理配置和消耗控制提供依据。控制重点是优化工程项目实施方案、合理配置资源和控制生产要素的采购价格。

2）过程监控。过程监控是指监测和控制实际成本的发生，包括实际采购费用发生过程的监控，劳动力和物质资源使用过程的监控，工期成本、质量成本及管理费用的支出监控。施工单位应充分发挥工程项目成本责任体系的约束和激励机制，提高施工过程的成本监控能力。

3）纠偏调整。纠偏调整是指在工程项目实施过程中发现实际成本与目标成本产生偏差时，分析偏差产生原因，采取有效措施进行纠偏调整。

（2）施工成本控制方法

1）成本分析表法。成本分析表法是指利用各种表格进行成本分析和控制。应用成本分析表法可以清晰地进行成本比较研究。常见的成本分析表有月成本分析表、成本日报或周报表、月成本计算及最终预测报告表。

2）工期-成本同步分析法。由于施工成本是伴随着工程进展而发生的，因此，施工成本与施工进度之间有着必然的同步关系。如果施工成本与施工进度不匹配，说明工程项目进展中出现了虚盈或虚亏的不正常现象。

施工成本的实际开支与计划不相符，往往是由两方面因素引起的：一是某道工序的成本开支超出计划；二是某道工序的施工进度与计划不符。因此，要想找出成本变化的真正原因，实施有效的成本控制措施，必须与进度计划的适时更新相结合。

3）挣值分析法。挣值分析法是对工程项目成本/进度进行综合控制的一种分析方法。通过比较已完工程预算成本（Budget Cost of the Work Performed，BCWP）与已完工程实际成本（Actual Cost of the Work Performed，ACWP）之间的差值，可以分析由于实际价格变化引起的累计成本偏差；通过比较已完工程预算成本（BCWP）与拟完工程预算成本（Budget Cost of the Work Scheduled，BCWS）之间的差值，可以分析由于进度偏差引起的累计成本偏差。此外，通过计算后续未完工程的计划成本余额，还可预测其尚需成本数额，从而为后续工程施工成本控制、进度控制及寻求降本挖潜途径指明方向。

4）价值工程法。价值工程法是对工程项目进行事前成本控制的重要方法。除在工程设计阶段应用价值工程法降低成本外，在工程施工阶段也可通过价值工程活动，在对施工方案进行技术经济分析的基础上，确定最佳施工方案，降低施工成本。

（3）施工成本控制内容

编制和审核施工组织设计、控制工程建造成本和工期成本、质量成本、安全成本、环保成本等，是施工成本控制的主要内容。

1）编制和审核施工组织设计。施工组织设计是工程施工过程中造价管理成本控制的前提和基础。如果施工组织设计不够深入、科学、合理，会给工程施工成本控制工作带来较大困难。只有结合工程施工实际、提高施工组织设计质量、提升施工方案合理性，才能避免或减少由于施工方案不合理导致的施工成本增加。

施工组织设计应考虑全局、抓住主要矛盾、预见薄弱环节，实事求是地做好施工全过程的合理安排。施工组织设计应注重做好以下工作：

①重视并充分做好施工准备工作。应结合工程项目的性质、规模、工期、劳动力数量、机械装备程度、材料供应情况、运输条件、地质条件等各项具体技术经济条件，编制施工组织设计。

②合理安排施工进度。根据施工进度确定人工、材料、机械设备等资源使用计划，避免资源浪费。在确保合同工期前提下，保证工程施工有节奏地进行，实现合同约定的质量、安全、环保目标和预期利润水平，提高综合效益。

③组织专业队伍连续交叉作业。尽可能组织流水施工，使工序衔接合理紧密，避免窝工。这样既能提高工程质量、保证施工安全，又可降低工程成本。

④科学配置施工机械。机械设备在选型和搭配上要合理，充分考虑施工作业面、路面状况和运距、施工强度和施工工序。在不影响总进度的前提下，适当调整局部进度计划，做到一机多用，提高机械设备利用率，达到降低机械使用费进而降低施工成本的目的。

⑤优选施工技术和施工方案。在满足合同约定的质量、安全及环保要求前提

下，采用新材料、新工艺，减少主要材料的浪费损耗，杜绝返工返修，合理降低工程成本。

⑥确保施工质量、安全、环保目标实现，降低工程质量、安全及环保成本。

采用定性分析与定量分析相结合方式，对施工方案进行技术经济比较分析，按规定通过施工单位审核后报送项目监理机构或建设单位审查。

2）工程建造成本控制。其包括：人工费、材料费、施工机具使用费、措施费及间接费控制等。

①人工费控制。控制人工费的根本途径是提高劳动生产率，改善劳动组织结构，减少窝工浪费；实行合理的奖惩制度和激励办法，提高工人的劳动积极性和工作效率；加强劳动纪律，加强技术教育和培训工作；压缩非生产用工和辅助用工，严格控制非生产人员比例。

②材料费控制。材料费占工程成本的比例很大，因此，降低成本的潜力也最大。降低材料费的主要措施有：做好材料采购计划，节约采购费用；改进材料采购、运输、收发、保管等工作，减少各环节损耗；合理堆放现场材料，避免和减少二次搬运损耗；严格材料进场验收和限额领料控制制度，减少浪费；建立材料消耗台账和材料回收台账，合理使用材料。

③施工机具使用费控制。施工机具使用费控制主要是要注意加强机械设备的一机多用，正确选配和合理利用机械设备，提高施工机械使用率，从而加快施工进度、增加产量、提高机械设备的综合使用率。

④措施费及间接费控制。措施费控制应本着"合理计划、有效利用、节约为主"的原则进行严格监控。间接费控制主要应通过精简管理机构，合理确定管理幅度和管理层次，业务管理部门的费用实行节约承包来落实。

3）工期成本控制。工程项目的工期与成本之间有着密切关系。在一般情况下，直接成本会随着工期的缩短而增加，间接成本会随着工期的缩短而减少。在考虑项目总成本时，还应考虑工期变化带来的其他损益，包括效益增量和资金的时间价值等。工程项目成本与工期的关系如图6-5所示。

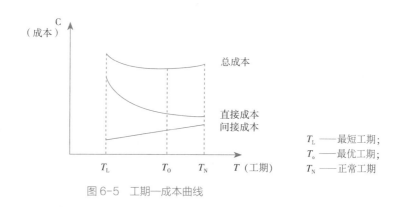

图6-5　工期—成本曲线

　　为了控制项目工期成本，需要从多种进度计划方案中寻求工程项目总成本最低时的工期安排。为此，可按下列步骤进行：

　　①计算网络计划中各项工序的时间参数，确定关键工序和关键路线；

　　②估计工序在正常持续时间下的费用、最短持续时间及其相应费用，并计算工序费用率；

　　③若只有一条关键路线，则找出费用率最小的关键工序作为压缩对象；若有多条关键路线，则要找出关键路线上费用率总和最小的工序组合作为压缩对象；

　　④分析压缩工期的约束条件，确定压缩对象可压缩的时间，压缩后计算出总的直接成本增加值；

　　⑤比较总的直接成本增加值与间接成本减少值，如果继续缩短工期时，总的直接成本增加值小于间接成本减少值，应继续缩短工期，否则，停止压缩工期。此时的工期已是工程项目总成本最低时的工期安排。

　　在施工方案实施过程中，应比较工程实际进展情况与计划进度之间的关系，如果出现进度偏差，应采用上述方法进行工程—成本优化，寻求新的工程项目总成本最低时的工期安排。如此循环，直至工程项目完成为止。

　　4）质量成本、安全成本、环保成本控制：

　　①质量成本控制。质量成本是指为实现质量目标而采取的预防和控制措施所产生的成本，以及因不能达到质量水平而造成的各项损失成本之和。质量成本由控制成本、损失成本和外部质量保证成本三部分构成。其中，控制成本又可分为预防成本（包括质量策划费用、质量控制费用和质量培训费用）和鉴定成本两部分；损失成本又分为内部质量损失成本和外部质量损失成本两部分。

　　质量成本控制的方法主要有：a. 质量成本核算：是将工程项目实施过程中发生的质量成本按其组成进行分类，然后计算各个时期各项成本发生的数值。b. 质量成本分析：是根据质量成本核算资料进行归纳、比较和分析，可从质量成本构成内容、质量成本总额构成比例、质量成本各要素之间比例、质量成本占预算成本比例等方面进行分析。

　　质量成本控制措施包括：建立质量管理机构；加强质量意识培养，做好质量宣传工作，定期对员工进行质量管理培训；对每道工序事先进行技术质量交底；对每道工序进行质量自检、复检；健全材料验收制度，确保材料质量；加强质量管理工作，科学应用抽样检验方法，合理控制各类检验费用等。

　　②安全成本控制。安全成本是为保证安全生产而支出的一切费用和因安全事故而产生的一切损失费用之和。安全成本由安全保证成本（包括安全工程费用和安全预防费用）、安全损失成本（包括企业内部损失和企业外部损失）两部分组成。

　　安全成本控制方法和措施：根据积累的数据资料，编制安全成本计划，并将此指标纳入经济责任制考核范畴；加强安全生产教育，为施工人员办理保险，并制订安全预防措施；施工前制定全面的安全技术组织措施，做到各项防护一次到位；加强过程检查监控，将安全隐患消除在萌芽状态，预防事故发生；加强施工现场安全生产管理，保护施工现场人身安全和设备安全；加强消防工作和消防设施检查，消除火灾隐患；妥善使用和保管安全防护设施、装置和劳保用品；加强施工现场标准化管理，切实做好各项预防工作，将可能发生的损失降至最低。

③环保成本控制。环保成本是指按照可持续发展原则，在工程实施过程中所采取环保措施的成本，以及因环保事故而产生的一切损失费用之和。环保成本由环保措施成本和环保损失成本组成。

环保成本控制方法和措施：进行环保成本结构分析，在此基础上对各项环保成本进行确认和计量，以形成环保成本明细表，并提出可行的控制方案；制定合理措施对施工环境进行管理。

事实上，质量成本、安全成本、环保成本有一个共同特点，即：当工程项目质量水平（安全水平、环保水平）提高时，质量控制（安全控制、环保控制）成本就会提高；但随着质量水平（安全水平、环保水平）提高，质量（安全、环保）损失成本就会降低。根据上述成本特点，即可绘成质量（安全、环保）总成本曲线，其最低点即为最佳质量（安全、环保）成本。

4. 施工成本核算

成本核算是施工单位利用会计核算体系，对工程施工过程中所发生的各项费用进行归集，统计其实际发生额，并计算工程项目总成本和单位工程成本的管理工作。工程项目成本核算是施工单位成本管理最基础的工作，成本核算所提供的各种信息是成本预测、成本计划、成本控制和成本考核等的依据。

（1）成本核算对象和范围

施工项目经理部应建立和健全以单位工程为对象的成本核算账务体系，严格区分企业经营成本和项目生产成本，在工程项目实施阶段不对企业经营成本进行分摊，以正确反映工程项目可控成本的收、支、结、转的状况和成本管理业绩。

施工成本核算应以项目经理责任成本目标为基本核算范围；以项目经理授权范围相对应的可控责任成本为核算对象，进行全过程分月跟踪核算。根据工程当月形象进度，对已完工程实际成本按照分部分项工程进行归集，并与相应范围的计划成本进行比较，分析各分部分项工程产生成本偏差的原因，并在后续工程中采取有效控制措施，进一步寻找降本挖潜的途径。项目经理部应在每月成本核算的基础上编制当月成本报告，作为工程项目施工月报的组成内容，提交企业生产管理和财务部门审核备案。

（2）成本核算方法

1）表格核算法。表格核算法是建立在内部各项成本核算基础上，由各要素部门和核算单位定期采集信息，按有关规定填制一系列的表格，完成数据比较、考核和简单的核算，形成工程项目施工成本核算体系，作为支撑工程项目施工成本核算的平台。表格核算法需要依靠众多部门和单位支持，专业性要求不高。其优点是比较简洁明了、直观易懂、易于操作、适时性较好。缺点是覆盖范围较窄，核算债权债务等比较困难；且较难实现科学严密的审核制度，有可能造成数据失实、精度较差。

2）会计核算法。会计核算法是指建立在会计核算基础上，利用会计核算所独有的借贷记账法和收支全面核算的综合特点，按工程项目施工成本内容和收支范围，组织工程项目施工成本的核算。不仅核算工程项目施工的直接成本，而且还要核算工程项目在施工生产过程中出现的债权债务、为施工生产而自购的工具、器具摊销、向建设单位的报量和收款、分包完成和分包付款等。其优点是核算严密、逻辑性强、人为调节的可能因素较小、核算范围较大。但对核算人员的专业水平要求较高。

由于表格核算法具有便于操作和表格格式自由等特点，可以根据企业管理方式和要求设置各种表格。因而对工程项目内各岗位成本的责任核算比较实用。施工承包单位除对整个企业的生产经营进行会计核算外，还应在工程项目上设成本会计，进行工程项目成本核算，减少数据的传递，提高数据的及时性，便于与表格核算的数据接口，这将成为工程项目施工成本核算的发展趋势。

总的说来，用表格核算法进行工程项目施工各岗位成本的责任核算和控制，用会计核算法进行工程项目施工成本核算，两者互补、相得益彰，确保工程项目施工成本核算工作的开展。

5. 施工成本分析

成本分析是揭示工程项目成本变化情况及其变化原因的过程。成本分析为成本考核提供依据，也为成本预测与成本计划指明方向。

（1）成本分析方法

成本分析的基本方法包括：比较法、因素分析法、差额计算法、比率法等。

1）比较法。比较法又称指标对比分析法，是指通过技术经济指标对比，检查目标完成情况，分析产生差异的原因，进而挖掘内部潜力的方法。其特点是通俗易懂、简单易行、便于掌握，因而得到广泛应用。应用比较法，通常有下列形式：

①将本期实际指标与目标指标对比。以此检查目标完成情况，分析影响目标完成的积极因素和消极因素，以便及时采取措施，保证成本目标的实现。

②本期实际指标与上期实际指标对比。通过这种对比，我们可以看出各项技术经济指标的变动情况，反映项目管理水平的提高程度。

③本期实际指标与本行业平均水平、先进水平对比。通过这种对比，可以反映本项目的技术管理和经济管理水平与行业的平均和先进水平的差距，进而采取措施赶超先进水平。

在采用比较法时，可采取绝对数对比、增减差额对比或相对数对比等多种形式。

2）因素分析法。因素分析法又称连环置换法。这种方法可用来分析各种因素对成本的影响程度。在进行分析时，首先要假定众多因素中的一个因素发生了变化，而其他因素则不变，在前一个因素变动的基础上分析第二个因素的变动，然后逐个替换，分别比较其计算结果，以确定各个因素的变化对成本的影响程度。并据此对企业的成本计划执行情况进行评价，并提出进一步的改进措施。因素分析法的计算步骤如下：

①以各个因素的计划数为基础，计算出一个总数；

②逐项以各个因素的实际数替换计划数；

③每次替换后，实际数就保留下来，直到所有计划数都被替换成实际数为止；

④每次替换后，都应求出新的计算结果；

⑤最后将每次替换所得结果，与其相邻的前一个计算结果比较，其差额即为替换的那个因素对总差异的影响程度。

【例6-1】某施工承包单位承包一工程，计划砌砖工程量1200m³，按预算定额规定，每立方米耗用空心砖510块，每块空心砖计划价格为0.12元；而实际砌砖工程量1500m³，每立方米实耗空心砖500块，每块空心砖实际购入价为0.18元。试用因素分析法进行成本分析。

解：砌砖工程的空心砖成本计算公式为：

空心砖成本 = 砌砖工程量 × 每立方米空心砖消耗量 × 空心砖价格

采用因素分析法对上述三个因素分别对空心砖成本的影响进行分析。计算过程和结果见表6-2。

砌砖工程空心砖成本分析表　　　　　　　　　　表6-2

计算顺序	砌砖工程量	每立方米空心砖消耗量	空心砖价格（元）	空心砖成本（元）	差异数（元）	差异原因
计划数	1200	510	0.12	73440		
第一次代替	1500	510	0.12	91800	18360	由于工程量增加
第二次代替	1500	500	0.12	90000	−1800	由于空心砖节约
第三次代替	1500	500	0.18	135000	45000	由于价格提高
合　计					61560	

以上分析结果表明，实际空心砖成本比计划超出61560元，主要原因是由于工程量增加和空心砖价格提高引起的；另外，由于节约空心砖消耗，使空心砖成本节约1800元，应总结经验，继续发扬。

3）差额计算法。差额计算法是因素分析法的一种简化形式，它利用各个因素的目标值与实际值的差额来计算其对成本的影响程度。

【例6-2】以例6-1的成本分析资料为基础，利用差额计算法分析各因素对成本的影响程度。

工程量的增加对成本的影响额 =（1500−1200）× 510 × 0.12 = 18360元

材料消耗量变动对成本的影响额 = 1500 × （500 - 510）× 0.12 = -1800元

材料单价变动对成本的影响额 = 1500 × 500 × （0.18 - 0.12）= 45000元

各因素变动对材料费用的影响 = 18360 - 1800 + 45000 = 61560元

两种方法的计算结果相同，但采用差额计算法显然要比第一种方法简单。

4）比率法。比率法是指用两个以上的指标的比例进行分析的方法。其基本特点是：先将对比分析的数值变成相对数，再观察其相互之间的关系。常用的比率法有以下几种：

①相关比率法。通过将两个性质不同而相关的指标加以对比，求出比率，并以此来考察经营成果的好坏。例如：将成本指标与反映生产、销售等经营成果的产值、销售收入、利润指标相比较，就可反映项目经济效益好坏。

②构成比率法。构成比率法又称比重分析法或结构对比分析法，是通过计算某技术经济指标中各组成部分占总体比重进行数量分析的方法。通过构成比率，可以考察项目成本的构成情况，将不同时期的成本构成比率相比较，可以观察成本构成的变动情况，同时也可看出量、本、利的比例关系（即目标成本、实际成本和降低成本的比例关系），从而为寻求降低成本的途径指明方向。

③动态比率法。动态比率法是将同类指标不同时期的数值进行对比，求出比率，以分析该项指标的发展方向和发展速度的方法。动态比率计算通常采用定基指数和环比指数两种方法。

（2）综合成本分析方法

所谓综合成本，是指涉及多种生产要素，并受多种因素影响的成本费用，如分部分项工程成本，月（季）度成本、年度成本等。由于这些成本都是随着工程项目施工进展而逐步形成的，与生产经营有着密切关系。因此，做好上述成本分析工作，无疑将促进工程项目生产经营管理，提高工程项目经济效益。

1）分部分项工程成本分析。分部分项工程成本分析是施工项目成本分析的基础。分部分项工程成本分析对象为主要的已完分部分项工程。分析方法是：进行预算成本、目标成本和实际成本的"三算"对比，分别计算实际成本与预算成本、实际成本与目标成本的偏差，分析偏差产生的原因，为今后分部分项工程成本寻求节约途径。

分部分项工程成本分析的资料来源是：预算成本是以施工图和定额为依据编制的施工图预算成本，目标成本为分解到该分部分项工程上的计划成本，实际成本来自施工任务单的实际工程量、实耗人工和限额领料单的实耗材料。

对分部分项工程进行成本分析，要做到从开工到竣工进行系统的成本分析。因为通过主要分部分项工程成本的系统分析，可基本了解工程项目成本形成的全过程，为竣工成本分析和今后工程项目成本管理提供了宝贵的参考资料。

分部分项工程成本分析表格式见表6-3。

<h3>分部分项工程成本分析</h3>

表 6-3

单位工程：_____

分部分项工程名称：_____　　工程量：_____　　施工班组：_____　　施工日期：_____

工料名称	规格	单位	单价	预算成本		目标成本		实际成本		实际与预算比较		实际与目标比较	
				数量	金额	数量	金额	数量	金额	数量	金额	数量	金额
合计													
实际与预算比较（%）=实际成本合计/预算成本合计×100%													
实际与目标比较（%）=实际成本合计/目标成本合计×100%													
节超原因说明													

编制单位：　　　　　　编制人员：　　　　　　编制日期：

2）月（季）度成本分析。月（季）度成本分析是项目定期、经常性中间成本分析。通过月（季）度成本分析，可及时发现问题，以便按照成本目标指定的方向进行监督和控制，保证工程项目成本目标的实现。

月（季）度成本分析的依据是当月（季）的成本报表。分析方法通常包括：

①通过实际成本与预算成本对比，分析当月（季）的成本降低水平；通过累计实际成本与累计预算成本对比，分析累计成本降低水平，预测实现工程项目成本目标的前景。

②通过实际成本与目标成本对比，分析目标成本落实情况，以及目标管理中的问题和不足，进而采取措施，加强成本管理，保证工程成本目标的落实。

③通过对各成本项目分析，可以了解成本总量构成比例和成本管理薄弱环节。对超支幅度大的成本项目，应深入分析超支原因，并采取对应的增收节支措施，防止今后再超支。

④通过主要技术经济指标的实际与目标对比，分析产量、工期、质量、"三材"节约率、机械利用率等对成本的影响。

⑤通过对技术组织措施执行效果的分析，寻求更加有效的节约途径。

⑥分析其他有利条件和不利条件对成本的影响。

3）年度成本分析。由于工程项目施工周期一般较长，除进行月（季）度成本核算和分析外，还要进行年度成本核算和分析。因为通过年度成本的综合分析，可以总结一年来成本管理的成绩和不足，为今后的成本管理提供经验和教训。

年度成本分析的依据是年度成本报表。年度成本分析的内容，除月（季）度成本分析的六个方面外，重点是针对下一年度施工进展情况规划切实可行的成本管理措施，以保证工程项目施工成本目标的实现。

4）竣工成本综合分析。凡是有多个单位工程而且是单独进行成本核算的项目，其竣工成本分析应以各单位工程竣工成本分析资料为基础，再加上项目经理部的经营效益（如资金调度、对外分包等所产生的效益）进行综合分析。如果施工项目只有一个成本核算对象（单位工程），就以该成本核算对象的竣工成本资料作为成本分析依据。单位工程竣工成本分析应包括：竣工成本分析、主要资源节超对比分析、主要技术节约措施及经济效果分析。

通过以上分析，可以全面了解单位工程的成本构成和降低成本的来源，对今后同类工程的成本管理很有参考价值。

6. 施工成本考核

成本考核是在工程项目建设过程中或项目完成后，定期对项目形成过程中的各级单位成本管理的成绩或失误进行总结与评价。通过成本考核，给予责任者相应的奖励或惩罚。施工单位应建立和健全工程项目成本考核制度，作为工程项目成本管理责任体系的组成部分。考核制度应对考核的目的、时间、范围、对象、方式、依据、指标、组织领导及结论与奖惩原则等作出明确规定。

（1）成本考核内容

施工成本考核包括企业对项目成本的考核和企业对项目经理部可控责任成本的考核。企业对项目成本的考核包括对施工成本目标（降低额）完成情况的考核和对成本管理工作业绩的考核。企业对项目经理部可控责任成本的考核包括：

1）项目成本目标和阶段成本目标完成情况；

2）建立以项目经理为核心的成本管理责任制的落实情况；

3）成本计划的编制和落实情况；

4）对各部门、各施工队和班组责任成本的检查和考核情况；

5）在成本管理中贯彻责权利相结合原则的执行情况。

除此之外，为层层落实项目成本管理工作，项目经理对所属各部门、各施工队和班组也要进行成本考核，主要考核其责任成本的完成情况。

（2）成本考核指标

1）企业的项目成本考核指标：

$$项目施工成本降低额 = 项目施工合同成本 - 项目实际施工成本 \qquad （6-7）$$

$$项目施工成本降低率 = 项目施工成本降低额 / 项目施工合同成本 \times 100\% \qquad （6-8）$$

2）项目经理部可控责任成本考核指标：

①项目经理责任目标总成本降低额和降低率：

$$目标总成本降低额 = 项目经理责任目标总成本 - 项目竣工结算总成本 \qquad （6-9）$$

$$目标总成本降低率 = 目标总成本降低额 / 项目经理责任目标总成本 \times 100\% \qquad （6-10）$$

②施工责任目标成本实际降低额和降低率：

$$施工责任目标成本实际降低额 = 施工责任目标总成本 - 工程竣工结算总成本 \quad (6\text{-}11)$$

$$施工责任目标成本实际降低率 = 施工责任目标成本实际降低额 / 施工责任目标总成本 \times 100\% \quad (6\text{-}12)$$

③施工计划成本实际降低额和降低率：

$$施工计划成本实际降低额 = 施工计划总成本 - 工程竣工结算总成本 \quad (6\text{-}13)$$

$$施工计划成本实际降低率 = 施工计划成本实际降低额 / 施工计划总成本 \times 100\% \quad (6\text{-}14)$$

施工单位应充分利用工程项目成本核算资料和报表，由企业财务审计部门对项目经理部的成本和效益进行全面审核，在此基础上做好工程项目成本效益的考核与评价，并按照项目经理部的绩效，落实成本管理责任制的激励措施。

6.3 工程变更与索赔管理

工程变更是指施工合同履行过程中出现与签订合同时预计条件不一致的情况，而需要改变原定施工承包范围内的某些工作内容。合同当事人一方因对方未履行或不能正确履行合同所规定的义务而遭受损失时，可向对方提出索赔。工程变更与索赔是影响工程价款结算的重要因素，因此也是施工阶段造价管理的重要内容。

6.3.1 工程变更管理

1. 工程变更范围和内容

工程变更包括工程量变更、工程项目变更（如建设单位提出增加或者删减工程项目内容）、进度计划变更、施工条件变更等。根据国家发改委等九部委发布的《标准施工招标文件》中的通用合同条款，工程变更包括以下五方面：

（1）取消合同中任何一项工作，但被取消的工作不能转由建设单位或其他单位实施。

（2）改变合同中任何一项工作的质量或其他特性。

（3）改变合同工程的基线、标高、位置或尺寸。

（4）改变合同中任何一项工作的施工时间或改变已批准的施工工艺或顺序。

（5）为完成工程需要追加的额外工作。

2. 工程变更程序

工程施工过程中出现的工程变更可分为项目监理机构指示的工程变更和施工单位申请的工程变更两类。

（1）项目监理机构指示的工程变更

项目监理机构根据工程施工实际需要或建设单位要求实施的工程变更，可进一步划分为直接指示的工程变更和通过与施工单位协商后确定的工程变更两种情况。

1）项目监理机构直接指示的工程变更。项目监理机构直接指示的工程变更属于必须的变更，如按照建设单位的要求提高质量标准、纠正设计错误等设计变更、协调施工中的交叉干扰等。此时不需征求施工单位意见，项目监理机构经过建设单位同意后发出变更指示要求施工单位完成工程变更工作。

2）与施工单位协商后确定的工程变更。此类情况属于可能发生的变更，与施工单位协商后再确定是否实施变更，如增加承包范围外的某项新工作等。此时，工程变更程序如下：

①项目监理机构首先向施工单位发出变更意向书，说明变更的具体内容和建设单位对变更的时间要求等，并附必要的图纸和相关资料。

②施工单位收到项目监理机构的变更意向书后，如果同意实施变更，则向项目监理机构提出书面变更建议。建议书内容包括提交包括拟实施变更工作的计划、措施、竣工时间等内容的实施方案及费用要求。若施工单位收到项目监理机构的变更意向书后认为难以实施此项变更，也应立即通知项目监理机构，说明原因并附详细依据。如不具备实施变更项目的施工资质、无相应的施工机具等原因或其他理由。

③项目监理机构审查施工单位的建议书，施工单位根据变更意向书要求提交的变更实施方案可行并经建设单位同意后，发出变更指示。如果施工单位不同意变更，项目监理机构与施工单位和建设单位协商后确定撤销、改变或不改变原变更意向书。

④变更建议应阐明要求变更的依据，并附必要的图纸和说明。项目监理机构收到施工单位书面建议后，应与建设单位共同研究，确认存在变更的，应在收到施工单位书面建议后作出变更指示。经研究后不同意作为变更的，应由项目监理机构书面答复施工单位。

（2）施工单位提出的工程变更

施工单位提出的工程变更可能涉及建议变更和要求变更两类。

1）施工单位建议的变更。施工单位对建设单位提供的图纸、技术要求等，提出可能降低合同价格、缩短工期或提高工程经济效益的合理化建议，均应以书面形式提交项目监理机构。合理化建议书内容应包括建议工作的详细说明、进度计划和效益以及与其他工作的协调等，并附必要的设计文件。

项目监理机构与建设单位协商是否采纳施工单位提出的建议。建议被采纳并构成变更的，项目监理机构向施工单位发出工程变更指示。

施工单位提出的合理化建议使建设单位获得工程造价降低、工期缩短、工程运行效益提高等实际利益的，应按合同约定给予奖励。

2）施工单位要求的变更。施工单位收到项目监理机构按合同约定发出的图纸和文件，经检查认为其中存在属于变更范围的情形，如提高工程质量标准、增加工作内容、改变工程的位置或尺寸等，可向项目监理机构提出书面变更建议。变更建议应阐明要求变更的依据，并附必要的图纸和说明。

项目监理机构收到施工承包单位的书面建议后，应与建设单位共同研究，确认存在变更的，应在收到施工单位书面建议后作出变更指示。经研究后不同意作为变更的，应由项目监理机构书面答复施工单位。

6.3.2 工程索赔管理

工程索赔是在施工合同履行中，当事人一方由于另一方未履行合同所规定的义务或者出现了应当由对方承担的风险而遭受损失时，向另一方提出赔偿要求的行为。通常，索赔是双向的，国家发改委等九部委发布的《标准施工招标文件》通用合同条款中的索赔就是双向的，既包括施工单位向建设单位的索赔，也包括建设单位向施工单位的索赔。但在工程实践中，建设单位索赔数量较小，而且可通过冲账、扣拨工程款、扣留保证金等方式实现对施工单位的索赔；而施工单位对建设单位的索赔则比较困难一些。因此在通常情况下，索赔是指施工单位在合同实施过程中，对非自身原因造成的工程延期、费用增加而要求建设单位给予补偿损失的一种权利要求。

1. 工程索赔产生原因

工程索赔是由于发生不能控制的干扰事件，影响到合同正常履行，造成工期延长、费用增加。

（1）业主方（包括建设单位和项目监理机构）违约

在工程实施过程中，由于建设单位或项目监理机构没有尽到合同义务，导致索赔事件发生。如：未按合同规定提供设计资料、图纸，未及时下达指令、答复请示等，使工程延期；未按合同规定的日期交付施工场地和行驶道路、提供水电、提供应由建设单位提供的材料和设备，使施工单位不能及时开工或造成工程中断；未按合同规定按时支付工程款，或不再继续履行合同；下达错误指令，提供错误信息；建设单位或项目监理机构协调工作不力等。

（2）合同缺陷

合同缺陷表现为合同文件规定不严谨甚至矛盾、合同条款遗漏或错误，设计图纸错误造成设计修改、工程返工、窝工等。

（3）合同变更

合同变更也有可能导致索赔事件发生，如：建设单位指令增加、减少工作量，增加新的工程，提高设计标准、质量标准；由于非施工单位原因，建设单位指令中止工程施工；建设单位要求施工单位采取加速措施，其原因是非施工单位责任的工程拖延，或建设单位希望在合同工期前交付工程；建设单位要求修改施工方案，打乱施工顺序；建设单位要求施工单位完成合同规定以外的义务或工作。

（4）工程环境变化

如材料价格和人工工日单价的大幅度上涨；国家政策法令修改；货币贬值；外汇汇率变化等。

（5）不可抗力或不利物质条件

不可抗力又可以分为自然事件和社会事件。自然事件主要是工程施工过程中不可避免发生并不能克服的自然灾害，包括地震、海啸、瘟疫、水灾等；社会事件则包括战争、罢工等。不利物质条件通常是指施工单位在施工现场遇到的不可预见的自然物质条件、非自然的物质障碍和污染物，包括地下和水文条件。

2. 工程索赔分类

按不同划分标准，工程索赔可分为不同类型。

（1）按合同依据分类

按合同依据分类工程索赔可分为合同中明示的索赔和合同中默示的索赔。

1）合同中明示的索赔。合同中明示的索赔是指施工单位所提出的索赔要求，在工程项目施工合同文件中有文字依据。这些在合同文件中有文字规定的合同条款，称为明示条款。

2）合同中默示的索赔。合同中默示的索赔是指施工单位所提出的索赔要求，虽然在工程项目施工合同条款中没有专门的文字叙述，但可根据该合同中某些条款的含义，推论出施工单位有索赔权。这种索赔要求，同样有法律效力，施工单位有权得到相应的经济补偿。这种有经济补偿含义的条款，被称为"默示条款"或"隐含条款"。

（2）按索赔目的分类

按索赔目的分类工程索赔可分为工期索赔和费用索赔。

1）工期索赔。由于非施工单位原因导致施工进度拖延，要求批准延长合同工期的索赔，称为工期索赔。工期索赔形式上是对权利的要求，以避免在原定合同竣工日不能完工时，被建设单位追究拖期违约责任。一旦获得批准合同工期延长后，施工单位不仅可免除承担拖期违约赔偿费的严重风险，而且可因提前交工获得奖励，最终仍反映在经济收益上。

2）费用索赔。费用索赔是施工单位要求建设单位补偿其经济损失。当施工的客观条件改变导致施工单位增加开支时，要求对超出计划成本的附加开支给予补偿，以挽回不应由其承担的经济损失。

（3）按索赔性质分类

按索赔性质分类工程索赔可分为工程延期索赔、工程变更索赔、合同被迫终止索赔、工程加速索赔、意外风险和不可预见因素索赔和其他索赔。

1）工程延期索赔。因建设单位未按合同要求提供施工条件，如未及时交付设计图纸、施工现场、道路等，或因建设单位指令工程暂停或不可抗力事件等原因造成工期拖延的，施工单位对此提出的索赔。这是工程实施中常见的一类索赔。

2）工程变更索赔。由于建设单位或项目监理机构指令增加或减少工程量或增加附加工程、修改设计、变更工程顺序等，造成工期延长和费用增加，施工单位对此提出的索赔。

3）合同被迫终止索赔。由于建设单位违约及不可抗力事件等原因造成合同非正常终止，施工单位因其蒙受经济损失而向建设单位提出的索赔。

4）工程加速索赔。由于建设单位或项目监理机构指令施工单位加快施工速度，缩短工期，引起施工单位人、财、物的额外开支而提出的索赔。

5）意外风险和不可预见因素索赔。在工程实施过程中，因人力不可抗拒的自然灾害、特殊风险以及一个有经验的施工单位通常不能合理预见的不利施工条件或外界障碍，如地下水、地质断层、溶洞、地下障碍物等引起的索赔。

6）其他索赔。如因货币贬值、汇率变化、物价上涨、政策法令变化等原因引起的索赔。

3. 工程索赔处理程序

（1）施工单位索赔程序

根据国家发改委等九部委发布的《标准施工招标文件》，施工单位认为有权得到追加付款和（或）延长工期的，应按以下程序向建设单位提出索赔：

1）施工单位应在知道或应当知道索赔事件发生后28天内，向项目监理机构递交索赔意向通知书，并说明发生索赔事件的事由。施工单位未在前述28天内发出索赔意向通知书的，丧失要求追加付款和（或）延长工期的权利。

2）施工单位应在发出索赔意向通知书后28天内，向项目监理机构正式递交索赔通知书。索赔通知书应详细说明索赔理由以及要求追加的付款金额和（或）延长的工期，并附必要的记录和证明材料。

3）索赔事件具有连续影响的，施工单位应按合理时间间隔继续递交延续索赔通知，说明连续影响的实际情况和记录，列出累计的追加付款金额和（或）工期延长天数。在索赔事件影响结束后的28天内，施工单位应向项目监理机构递交最终索赔通知书，说明最终要求索赔的追加付款金额和延长的工期，并附必要的记录和证明材料。

（2）项目监理机构处理索赔程序

项目监理机构收到施工单位提交的索赔通知书后，应按以下程序进行处理：

1）项目监理机构收到施工单位提交的索赔通知书后，应及时审查索赔通知书的内容、查验施工单位的记录和证明材料，必要时可要求施工单位提交全部原始记录副本。

2）项目监理机构应商定或确定追加的付款和（或）延长的工期，并在收到上述索赔通知书或有关索赔的进一步证明材料后的42天内，将索赔处理结果答复施工单位。

3）施工单位接受索赔处理结果的，建设单位应在作出索赔处理结果答复后28天内完成赔付。施工单位不接受索赔处理结果的，按合同中争议解决条款的约定处理。

（3）施工单位提出索赔的期限

施工单位接受竣工付款证书后，应被认为已无权再提出在合同工程接收证书颁发前所发生的任何索赔。施工单位提交的最终结清申请单中，只限于提出工程接收证书颁发后发生的索赔。提出索赔的期限自接受最终结清证书时终止。

6.4 工程费用动态监控

无论是建设单位及其委托的咨询单位，还是施工单位，均需要在工程施工过程中进行实际费用（实际投资或成本）与计划费用（计划投资或成本）的动态比较，分析费用偏差产生的原因，并采取有效措施控制费用偏差。

6.4.1 费用偏差及其分析方法

费用偏差是指工程项目投资或成本的实际值与计划值之间的差额。进度偏差与费用偏差密切相关，如果不考虑进度偏差，就不能正确反映费用偏差的实际情况，为此，有必要引入项目管理核心技术——挣值方法（Earned Value Method，EVM）。挣值方法通过计算和监测三个关键指标：计划价值（PV）、挣值（EV）和实际费用（AC）来判断项目绩效、预测项目未来情况。这种方法既可以用于建设单位投资偏差分析，也可以用于施工单位成本偏差分析。

1. 偏差表示方法

（1）费用偏差（Cost Variance，CV）。

费用偏差计算式如下：

$$CV = 挣值（EV）- 实际费用（AC） \tag{6-15}$$

其中：

$$挣值（EV）= \sum 已完工程量（实际工程量）\times 计划单价 \tag{6-16}$$

$$实际费用（AC）= \sum 已完工程量（实际工程量）\times 实际单价 \tag{6-17}$$

当 $CV > 0$ 时，说明工程费用节约；当 $CV < 0$ 时，说明工程费用超支。

（2）进度偏差（Schedule Variance，SV）

进度偏差计算式如下：

$$SV = 挣值（EV）- 计划价值（PV） \tag{6-18}$$

其中：

$$计划价值（PV）= \sum 拟完工程量（计划工程量）\times 计划单价 \tag{6-19}$$

当 $SV > 0$ 时，说明工程进度超前；当 $SV < 0$ 时，说明工程进度拖后。

需要注意的是：计划价值（PV）、挣值（EV）和实际费用（AC）的统计必须在同一时间段内进行，这样才具有可比性。

【例6-3】某工程施工至2018年9月底，经统计分析得：已完工程计划费用为1500万元，已完工程实际费用为1800万元，拟完工程计划费用为1600万元，则该工程此时费用偏差和进度偏差各为多少？

解：

（1）费用偏差 = 1500 − 1800 = − 300万元

说明工程费用超支300万元。

（2）进度偏差 = 1500 − 1600 = − 100万元

说明工程进度拖后100万元。

2. 偏差参数

（1）局部偏差与累计偏差

局部偏差有两层含义：一是对于整个工程项目而言，指各单项工程、单位工程和分部分项工程的偏差；二是相对于工程项目实施时间而言，指每一控制周期所发生的偏差。累计偏差是指在工程项目已实施时间内累计发生的偏差。累计偏差是一个动态概念，其数值总是与具体时间联系在一起，第一个累计偏差在数值上等于局部偏差，最终的累计偏差就是整个工程项目偏差。

在进行费用偏差分析时，对局部偏差和累计偏差都要进行分析。在每一控制周期内，发生局部偏差的工程内容及原因一般都比较明确，分析结果比较可靠，而累计偏差所涉及的工程内容较多、范围较大，且原因也较复杂。因此，累计偏差分析必须以局部偏差分析为基础。但是，累计偏差分析并不是对局部偏差分析的简单汇总，需要对局部偏差的分析结果进行综合分析，其结果更能显示代表性和规律性，对费用控制工作在较大范围内具有指导作用。

（2）绝对偏差与相对偏差

绝对偏差是指实际值与计划值比较所得到的差额。相对偏差则是指偏差的相对数或比例数，通常是用绝对偏差与费用计划值的比值来表示：

$$费用相对偏差 = \frac{绝对偏差}{费用计划值} = \frac{费用计划值 - 费用实际值}{费用计划值} \qquad （6-20）$$

与绝对偏差一样，相对偏差可正可负，且两者符号相同。正值表示费用节约，负值表示费用超支。两者都只涉及费用的计划值和实际值，既不受工程项目层次的限制，也不受工程项目实施时间的限制，因而在各种费用比较中均可采用。

（3）绩效指数

1）费用绩效指数（Cost Performance Index，CPI）。

$$费用绩效指数（CPI）= \frac{挣值（EV）}{实际费用（AC）} \qquad （6-21）$$

$CPI>1$，表示实际费用节约；$CPI<1$，表示实际费用超支。

2）进度绩效指数（Schedule Performance Index，SPI）。

$$进度绩效指数（SPI）= \frac{挣值（EV）}{计划价值（PV）} \qquad （6-22）$$

$SPI>1$，表示实际进度超前；$SPI<1$，表示实际进度拖后。

这里的绩效指数是相对值，既可用于工程项目内部偏差分析，也可用于不同工程项目之间的偏差比较。而前述的偏差（费用偏差和进度偏差）主要适用于工程项目内部偏差分析。

3. 常用偏差分析方法

常用偏差分析方法有横道图法、时标网络图法、表格法和曲线法。

（1）横道图法

应用横道图法进行费用偏差分析，是用不同的横道线标识挣值（EV）、计划价值（PV）和实际费用（AC），横道线的长度与其数值成正比。然后，再根据上述数据分析费用偏差和进度偏差。

横道图法具有简单直观的优点，便于掌握工程费用全貌。但这种方法反映的信息量少，因而其应用具有一定局限性。

（2）时标网络图法

应用时标网络图法进行费用偏差分析，是根据时标网络图得到每一时间段计划价值（PV），然后根据实际工作完成情况测得实际费用（AC），并通过分析时标网络图中的实际进度前锋线，得出每一时间段挣值（EV），这样即可分析费用偏差和进度偏差。

实际进度前锋线表示整个工程项目目前实际完成的工作面情况，将某一确定时点下时标网络图中各项工作的实际进度点相连就可得到实际进度前锋线。

时标网络图法具有简单、直观的优点，可用来反映累计偏差和局部偏差，但实际进度前锋线的绘制需要有工程网络计划为基础。

（3）表格法

表格法是一种进行偏差分析的最常用方法。应用表格法分析偏差，是将项目编号、名称、各费用参数及费用偏差值等综合纳入一张表格中，可在表格中直接进行偏差比较分析。例如，某基础工程在一周内的费用偏差和进度偏差分析见表6-4。

费用偏差和进度偏差分析表　　　　　　　　　　　　　　　　表6-4

项目编码		021		022		023	
项目名称		土方开挖工程		打桩工程		混凝土基础工程	
费用及偏差	代码或计算式	单位	数量	单位	数量	单位	数量
计划单价	（1）	元/m³	6	元/m	8	元/m³	10

续表

项目编码		021		022		023	
项目名称		土方开挖工程		打桩工程		混凝土基础工程	
拟完工程量	（2）	m³	500	m	80	m³	200
计划价值	（3）=（1）×（2）	元	3000	元	640	元	2000
已完工程量	（4）	m³	600	m	90	m³	180
挣值	（5）=（1）×（4）	元	3600	元	720	元	1800
实际单价	（6）	元/m³	7	元/m	7	元/m³	9
实际费用	（7）=（4）×（6）	元	4200	元	630	元	1620
费用偏差	（8）=（5）－（7）	元	−600	元	90	元	180
费用绩效指数	（9）=（5）/（7）	—	0.857	—	1.143	—	1.111
进度偏差	（10）=（5）－（3）	元	600	元	80	元	−200
进度绩效指数	（11）=（5）/（3）	—	1.2	—	1.125	—	0.9

应用表格法进行偏差分析具有如下优点：灵活、适用性强，可根据实际需要设计表格；信息量大，可反映偏差分析所需资料，从而有利于及时采取针对性措施，加强控制；表格处理可借助于电子计算机，从而节约大量人力，并提高数据处理速度。

（4）曲线法

曲线法是用费用累计曲线（S曲线）来分析费用偏差和进度偏差的一种方法。用曲线法进行偏差分析时，通常有三条曲线，即实际费用曲线a、挣值曲线b和计划价值曲线p，如图6-6所示。图中曲线a和曲线b的竖向距离表示费用偏差，曲线b和曲线p的水平距离表示进度偏差。

图6-6反映的偏差为累计偏差。用曲线法进行偏差分析同样具有形象、直观的特点，但这种方法很难用于局部偏差分析。

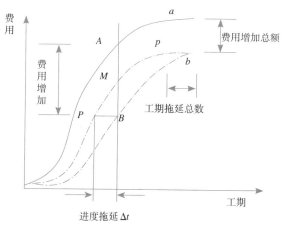

图6-6　费用参数曲线

6.4.2　费用偏差产生原因及控制措施

1. 费用偏差产生原因

费用偏差分析的一个重要目的就是要找出引起偏差的原因，从而有可能采取有针对性的措施，减少或避免相同原因再次发生。一般来说，费用偏差的产生原因包括客观原因、建设单位原因、设计原因和施工原因。

（1）客观原因

客观原因包括人工费上涨、材料费上涨、设备费上涨、利率及汇率变化、自然因素、地基因素、交通原因、社会原因、法规变化等。

（2）建设单位原因

建设单位原因包括增加工程内容、投资规划不当、组织不落实、建设手续不健全、未按时付款、协调出现问题等。

（3）设计原因

设计原因包括设计错误或漏项、设计标准变更、设计保守、图纸提供不及时、结构变更等。

（4）施工原因

施工原因包括施工组织设计不合理、质量事故、进度安排不当、施工技术措施不当、与外单位关系协调不当等。

施工原因造成的损失应由施工单位自己负责，因此，建设单位纠偏的主要对象是自身原因及设计原因。

2. 费用偏差纠正措施

费用偏差的纠正措施通常包括以下四方面。

（1）组织措施

组织措施主要是指从费用控制的组织管理方面采取措施，包括：落实费用控制的组织机构和人员，明确各级费用控制人员的任务、职责分工，改善费用控制工作流程等。组织措施是其他措施的前提和保障。

（2）经济措施

经济措施主要是指审核工程量和签发支付证书，包括：检查费用目标分解是否合理；检查资金使用计划有无保障，是否与进度计划发生冲突；工程变更有无必要，是否超标等。

（3）技术措施

技术措施主要是指对工程方案进行技术经济比较，包括：制定合理的技术方案，进行技术分析，针对偏差进行技术改进等。

（4）合同措施

合同措施主要是指索赔管理。在施工过程中常出现索赔事件，要认真审查有关索赔依据是否符合合同规定，索赔计算是否合理等，从主动控制角度，加强日常合同管理，落实合同规定职责。

6.5 工程计量与价款结算管理

6.5.1 工程计量管理

工程计量是指根据设计文件及施工合同中工程量计算的规定，对施工单位申报的已完工程量进行核验。工程计量结果是工程价款结算的直接基础和依据，因此，工程计量是施工阶段造价管理的关键环节之一。

1. 工程计量依据和原则

（1）工程计量依据

工程计量依据主要包括以下内容：

1）已完工程确认、勘验或质量合格证书；

2）工程量清单前言和技术规范；

3）经审定的施工设计图纸、施工组织设计和技术措施方案；

4）施工现场情况和实测数据；

5）其他有关技术经济文件。

（2）工程计量原则

工程计量应遵循下列原则：

1）不符合施工合同文件要求，未经工程质量检验或未按设计要求完成的工程与工作，均不予计量；

2）按施工合同文件规定及项目监理机构批准的方法、范围、内容和单位进行计量；

3）属于施工单位应承担的责任与风险，或因施工单位原因发生的工程量不予计量。

2. 工程计量方法

（1）图纸法

图纸法即根据分部分项工程、单位工程和单项工程的施工图纸的几何尺寸进行计量。工程计量最终所确认的数量是根据图纸提供的数据或图纸显示的几何尺寸计算得到的，但仍需对工程进行详细计量，目的是检查几何尺寸是否在技术标准要求的误差范围内，以保证工程质量符合要求。

（2）均摊法

均摊法即对工程量清单中某些项目的合同条款，按合同工期平均计量。这些项目的共同特征是每月均有发生。

（3）凭据法

凭据法即按照施工单位提供的凭据进行计量支付。例如，建筑工程保险费、第三方责任险保险费、履约保证金等。

（4）断面法

断面法主要用于取土坑或填筑路堤土方的计量。

（5）分解计量法

分解计量法即根据工序或部位将一个项目分解为若干子项目，对完成的各子项目进行计量支付。对于一些包干项目或支付时间过长的较大工程项目，适合采用分解计量法。

6.5.2　工程价款结算管理

施工过程中的工程结算是指发承包双方依据合同约定，进行工程预付款、工程进度款的结算。

1. 工程预付款支付与扣回

工程预付款是工程施工合同订立后，由建设单位按照合同规定在正式开工前预先支付给施工单位的工程款。工程预付款一般用于施工单位采购工程所需材料、构配件等。

（1）工程预付款支付条件

施工单位向建设单位提交金额等于预付款数额的银行保函；合同协议书已签订；履约保单已提交。

（2）工程预付款支付时间

建设单位应按照施工合同约定时间预付工程款。若建设单位未按约定时间预付，施工单位应在预付时间到期后约定时间内向建设单位发出要求预付的通知，建设单位应承担相应违约责任。

（3）工程预付款计算方法

1）根据工程规模和性质、市场行情等因素，在合同条件中约定工程预付款所占合同价款百分比，据此计算工程预付款数额。

2）影响因素法。将影响工程预付款数额的每个因素作为参数，按其影响关系计算工程预付款。计算公式为：

$$A = \frac{BK}{T}t \qquad (6-23)$$

式中　A——预付款数额；

　　　B——年度建筑安装工程费；

　　　K——主材及构件费占年度建筑安装工程费比例；

　　　T——计划工期；

　　　t——材料储备时间。

3）额度系数法。设工程预付款额度系数为λ，即工程预付款数额占年度建筑安装工程费百分比。一般情况下，工程预付款额度按工程类别、施工期限、建筑材料和构件生产供应情况统一测定，通常取λ =20%～30%。

（4）工程预付款起扣点确定

工程预付款抵扣方式须在合同中约定，并在支付工程进度款时进行抵扣。工程预付款开始扣还时的工程进度状态称为工程预付款起扣点。常用以下两种方式确定起扣点：

1）按累计完成建筑安装工程量数额表示，称为累计工程量起扣点W，计算公式为：

$$W = B - \frac{A}{K} \qquad (6\text{-}24)$$

式中符号同前。

2）按累计完成建筑安装工程量与年度建筑安装工程量百分比R表示，称为工作量百分比起扣点，计算公式为：

$$R = \frac{W}{B} \times 100\% = \left(1 - \frac{A}{KB}\right) \times 100\% \qquad (6\text{-}25)$$

式中符号同前。

（5）应扣工程预付款数额

对于工期较短、造价较低、规模较小的工程项目，可通过合同条款予以确定，扣还工程预付款。

当合同没有明确约定时，可采用一次扣还法和分次扣还法。

1）一次扣还法。一次扣还法是指在未完工的建筑安装工作量等于预付款时，以其全部未完工的价款一次抵扣工程预付款，施工单位停止向建设单位收取价款。这种方法虽然简单，但建设单位易对未完工程的大部分失去经济控制权，因此，一般不宜一次扣还工程预付款。

2）分次扣还法。分次扣还法是即自起扣点开始扣还工程预付款，每次结算工程价款时，按材料比例抵扣工程价款，工程竣工前全部扣清。

第一次抵扣额 =（累计已完工程价值 − 起扣时已完工程价值）× 主材比例　（6-26）

以后每次抵扣额 = 每次完成工程价值 × 主材比例　　　　（6-27）

对于工程造价低、工期短的简单工程，施工过程中可以不分次抵扣，当工程预付款加已付工程款达到应支付的合同价款时，停止支付工程款。

2. 工程进度款结算

工程进度款是指施工单位就已完成的部分工程，与建设单位结算工程价款，其目的是用来补偿施工过程中的资金耗用，以确保工程项目顺利进行。

（1）工程进度款结算方式

工程进度款可按月结算，也可分段结算。所谓分段结算，是指将工期较长的工程项目按照形象进度划分为不同阶段，依此支付工程进度款。具体阶段划分应在施工合同中予以明确。

（2）每期工程进度款应考虑款项

1）经确认核实的已完工程量对应的工程价款；

2）设计变更应调整的合同价；

3）本期应扣回工程预付款；

4）根据合同中允许调整合同价款的规定，应补偿给施工单位的款项和应扣减款项；

5）经项目监理机构批准的施工单位索赔款；

6）其他应支付或扣回款项。

3. 工程价款动态结算

工程价款动态结算就是将各种动态因素渗透到工程结算过程中，使工程价款结算能反映实际消耗的费用。常用的动态结算方法有以下几种。

（1）按实际价格结算法

按实际价格结算法即施工单位凭发票按实报销。这种方法简便，但由于是实报实销，因而施工单位对降低成本不感兴趣。为了避免副作用，应在合同中规定建设单位或项目监理机构有权要求施工单位选择更廉价的供应来源。

（2）按主材计算价差

建设单位在招标文件中列出需要调整价差的主要材料表及其基期价格（一般采用当时当地工程造价管理机构公布的信息价或结算价），工程结算时按当时当地工程造价管理机构公布的材料信息价或结算价，与招标文件中列出的基期价比较计算材料价差。

（3）调价系数法

调价系数法是指按工程价格管理机构公布的调价系数及调价计算方法计算价差。

（4）调值公式法

调值公式法又称动态结算公式法，即在建设单位与施工单位签订的合同中明确规定调值公式。价格调整的计算工作比较复杂，其程序如下：

1）确定计算物价指数的品种。一般地说，品种不宜太多，只确定那些对工程款影响较大的因素，如水泥、钢材、木材和工资等，这样便于计算。

2）需要注意的问题：

①在合同条款中，一是应写明经双方商定的调整因素，以及物价波动到何种程度才进行调整（一般在±10%左右）；二是应确定考核的地点和时点，地点一般在工程所在地，或指定的某地市场价格，时点是指某月某日的市场价格。这里要确定两个时点价格，即基准日期的市场价格（基础价格）和与特定付款证书有关的期间最后一天的时点价格。这两个时点是计算调值的依据。

②确定各成本要素的系数和固定系数，各成本要素的系数要根据各成本要素对合同总价的影响程度而定。各成本要素系数之和加固定系数应等于1。

复习思考题

1. 编制资金使用计划可采用哪些方法？
2. 施工成本管理包括哪些环节？各环节之间的关系是什么？
3. 施工成本控制的内容和方法有哪些？
4. 工程变更和索赔程序是什么？
5. 挣值分析法的原理是什么？
6. 费用偏差分析方法有哪些？
7. 产生费用偏差的原因有哪些？可采用哪些控制措施？
8. 工程计量依据和原则分别有哪些？
9. 工程价款结算方式有哪些？
10. 工程预付款计算方法有哪些？

7

竣工验收阶段及
保修期造价管理

【学习目标】

　　竣工验收阶段是工程质量最终检查确认阶段，也是建设成果转入使用的标志。所有工程项目都要及时组织验收，进行工程竣工结算和竣工决算。工程竣工后，即进入工程保修期，在此期间还会涉及工程保修费用处理。因此，竣工验收阶段及保修期造价管理也是工程建设全过程造价管理的内容。在此阶段，控制工程造价的工作内容如图7-1所示，主要包括工程竣工结算、竣工决算及工程质量保证金管理。

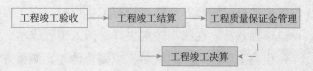

图 7-1　竣工验收阶段及保修期造价管理主要内容

通过学习本章，应掌握如下内容：

（1）工程竣工结算；

（2）工程竣工决算；

（3）工程质量保证金管理。

7.1 工程竣工结算

工程竣工结算是指施工单位按照合同约定全部完成所承包工程，并经质量验收合格达到合同要求后，向建设单位办理工程价款结算的过程。工程竣工结算可分为单位工程竣工结算、单项工程竣工结算和工程项目竣工总结算。

竣工结算文件是施工单位与建设单位办理工程价款最终结算的依据，也是工程竣工验收后编制竣工决算、核定新增资产价值的依据。因此，工程竣工结算应充分、合理地反映承包工程的实际价值。

7.1.1 工程竣工结算编制

工程竣工结算文件由施工单位编制。

1. 竣工结算编制依据和方法

（1）竣工结算编制依据

竣工结算编制依据主要有：

1）工程施工合同、工程竣工图；

2）设计变更通知单和工程变更签证；

3）预算定额、工程量清单、材料价格、费用标准等资料；

4）预算书和报价单；

5）其他有关资料及现场记录等。

（2）竣工结算编制方法

1）现场踏勘。根据竣工图及施工组织设计进行现场踏勘，对需要调整的工程项目进行观察、对照、必要的现场实测和计算。

2）调整工程量。按既定的工程量计算规则计算需调整的分部分项工程、施工措施或其他项目工程量。

3）材料价差调整包括：

①材料价差。材料价差是指材料的预算价格（报价）与实际价格的差额。由建设单位供应的材料按预算价格转给施工单位的，在工程结算时不作调整，其材料价差由建设单位单独核算，在编制竣工决算时摊入工程成本。

由施工单位购买的材料，应调整价差，调整方法包括：

a. 单项调整法。以每种材料的实际价格与预算价格的差值作为该种材料的价差，实际价格由双方协议或根据当地主管部门定期发布的价格信息确定。

　　b. 价差系数调整法。对工程使用的主要材料，比较实际供应价格和预算价格，找出差额，测算价差平均系数，以施工图预算的直接费用为基础，在工程结算时按价差系数进行调整。

　　c. 价差系数调整法与单项调整法并用。当价差系数对工程造价影响较大时，对其中某些价格波动较大的材料用单项调整法调整，从而确定结算价值。

　　②材料代用价差。材料代用价差是指因材料供应缺口或其他原因而发生的以大代小、以优代劣等情况，这部分应根据工程材料代用核定通知单计算材料的价差并进行调整。

　　4）费用调整。措施费、间接费等是以直接费或人工费等为基础计取的，由于工程量变化影响到这些费用的计算，因此，这些费用也应作相应调整。但是，属于材料价差因素引起的费用变化一般不予调整；属于其他费用的，如窝工费、机械进出场费用等，应一次结清，并分摊到结算的工程项目中去。施工单位在施工现场使用的建设单位的水电费，也应按规定在竣工结算时清算。总的说来，工程竣工结算的一般计算公式为：

$$\begin{array}{l}\text{竣工结算}\\\text{工程价款}\end{array} = \text{合同价款} + \begin{array}{l}\text{合同价款}\\\text{调整数额}\end{array} - \begin{array}{l}\text{预付及已结算}\\\text{工程价款}\end{array} - \begin{array}{l}\text{质量保证}\\\text{（保修）金}\end{array} \qquad (7\text{-}1)$$

2. 竣工结算编制程序

　　编制竣工结算就是指在签约合同价基础上，对施工过程中的价差、量差的费用变化等进行调整，计算出竣工工程造价和实际结算价格的过程。竣工结算编制程序具体如下：

　　（1）对确定作为结算对象的工程内容进行全面清点，备齐结算依据和资料；

　　（2）以单位工程为基础，对签约合同价及报价内容，包括工程量、单价及计算方法进行检查核对。如发生多算、漏算和计算错误及定额分部分项或单价错误，应及时进行调整，如有漏项应予以补充，如有重复计算或者多算应予以删减；

　　（3）对建设单位要求扩大的施工范围和由于工程变更、现场签证等引起的增减预算进行检查，核对无误后，分别归入相应的单位工程结算书；

　　（4）将各专业的单位工程结算分别以单项工程为单位进行汇总，并提出单项工程综合结算书；

　　（5）将各单项工程汇总成整个工程项目竣工结算书；

　　（6）编写竣工结算编制说明，内容主要为结算书的工程范围、结算内容、存在问题及其他必须加以说明的事宜；

　　（7）整理、汇总工程竣工结算书，经企业相关部门批准后，经项目监理机构送建设单位审查签认。

7.1.2　工程竣工结算审查

工程竣工结算审查应根据不同的施工合同类型，采用不同的审查方法。对于采用工程量清单计价方式签订的单价合同，应审查施工图中各分部分项工程量，依据合同约定的方式审查分部分项工程价格，并对工程变更和索赔等调整内容进行审查。

1. 施工单位内部审查

施工单位内部审查工程竣工结算的主要内容包括：

（1）审查结算的项目范围、内容与合同约定的项目范围、内容的一致性；

（2）审查工程量计算的准确性、工程量计算规则与计价规范或定额的一致性；

（3）审查执行合同约定或现行的计价原则、方法的严格性。对于工程量清单或定额缺项以及采用新材料、新工艺的，应根据施工过程中的合理消耗和市场价格审核结算单价；

（4）审查变更签证凭据的真实性、合法性、有效性，核准变更工程费用；

（5）审查索赔是否依据合同约定的索赔处理原则、程序和计算方法进行以及索赔费用的真实性、合法性、准确性；

（6）审查取费标准执行的严格性，并审查取费依据的时效性、相符性。

2. 建设单位审查

建设单位审查工程竣工结算的内容包括：

（1）审查工程竣工结算的递交程序和资料的完备性：①审查结算资料递交手续、程序的合法性，以及结算资料具有的法律效力；②审查结算资料的完整性、真实性和相符性。

（2）审查与工程竣工结算有关的各项内容：①工程施工合同的合法性和有效性；②工程施工合同范围以外调整的工程价款；③分部分项工程、措施项目、其他项目的工程量及单价；④建设单位单独分包工程项目的界面划分和总承包单位的配合费用；⑤工程变更、索赔、奖励及违约费用；⑥取费、税金、政策性调整以及材料价差计算；⑦实际施工工期与合同工期产生差异的原因和责任，以及对工程造价的影响程度；⑧其他涉及工程造价的内容。

3. 工程竣工结算审查时限

根据《财政部、建设部关于印发建设工程价款结算暂行办法的通知》（财建〔2004〕369号），单项工程竣工后，施工单位应按规定程序向建设单位递交竣工结算报告及完整的结算资料，建设单位应按表7-1规定的时限进行核对、审查，并提出审查意见。

工程竣工结算审查时限　　　　　　　　　　　表 7-1

工程竣工结算报告金额（万元）	审查时限（天）（从接到竣工结算报告和完整的竣工结算资料之日起）
500以下	20
500~2000	30
2000~5000	45
5000以上	60

工程竣工总结算在最后一个单项工程竣工结算审查确认后15天内汇总，送建设单位后30天内审查完成。

7.2　工程竣工决算

7.2.1　工程竣工决算编制

工程竣工决算是指所有工程竣工后，由建设单位编制的反映工程项目实际造价和投资效果文件的过程。工程竣工决算是正确核定新增固定资产价值、考核分析投资效果的依据。通过把竣工决算与概算、预算进行对比分析，可以考核工程造价、控制工作成效、总结经验教训、积累技术经济方面的基础资料、提高未来建设工程的投资效益。

工程竣工决算文件以实物数量和货币指标为计量单位，综合反映了竣工项目从筹建开始到竣工交付使用为止的全部建设费用、建设成果和财务情况。

1. 竣工决算编制依据

竣工决算编制依据主要包括：

（1）经批准的可行性研究报告及投资估算；

（2）经批准的初步设计及工程概算；

（3）经审查的施工图设计文件及施工图预算；

（4）设计交底或图纸会审纪要；

（5）工程施工合同及工程结算资料；

（6）设计变更记录、施工记录或施工签证单，以及其他在施工过程中发生的费用记录；

（7）竣工图及各种竣工验收资料；

（8）历年财务决算及批复文件；

（9）设备、材料调价文件和调价记录；

（10）有关财务决算制度、办法和其他有关资料、文件等。

2. 竣工决算内容

竣工决算作为考核工程建设投资效益、确定交付使用财产价值、办理交付使用手续的依据，一般由竣工决算报告说明书、竣工财务决算报表、工程竣工图和工程造价比较分析四部分组成。

（1）竣工决算报告说明书

竣工决算报告说明书主要反映竣工工程建设成果和经验，是对竣工决算报表进行分析和说明的文件，也是考核工程投资与造价的书面总结。其主要内容包括：

1）工程项目概况，即对工程总的评价，一般从进度、质量、安全、环保等方面进行分析说明；

2）工程建设过程和管理中的重大事件、经验教训；

3）会计账务处理、财产物资情况及债权债务清偿情况；

4）资金结余、基本建设结余资金、基本建设收入等上交分配情况；

5）主要技术经济指标分析、计算情况及工程遗留问题等；

6）工程项目管理及决算中存在的问题、建议；

7）需说明的其他事项。

（2）竣工财务决算报表

工程竣工财务决算报表按大中型项目和小型项目分别制定。报表结构如下：

大中型项目
竣工财务决算报表
{
①工程项目竣工财务决算审批表
②大中型工程项目概况表
③大中型工程项目竣工财务决算
④大中型工程项目交付使用资产总表
⑤工程项目交付使用资产明细表
}

小型项目
竣工财务决算报表
{
①工程项目竣工财务决算审批表
②工程项目交付使用资产明细表
③小型工程项目竣工财务决算总表
}

（3）工程竣工图

工程竣工图是真实记录各种地上地下建筑物、构筑物等情况的技术文件，是工程进行交工验收、维护、改建和扩建的依据，是重要的工程技术档案。各项新建、扩建、改建工程，都要编制竣工图。为确保工程竣工图质量，必须在施工过程中及时做好隐蔽工程检查记录，整理好设计变更文件。

（4）工程造价比较分析

对控制工程造价所采取的措施、效果及其动态变化进行认真比较分析，总结经验。批准的概（预）算是考核建设工程实际造价的依据。在分析时，可将决算报表中所提供的实际数据和相关资料与批准的概（预）算指标进行对比，以反映竣工项目总造价和单方造价是节约还是超支。在对比基础上，找出节约和超支的内容和原因，总结经验教训，提出改进措施。

3. 竣工决算编制程序

工程竣工决算编制程序如下：

（1）从工程开工就按编制要求收集、整理、分析有关资料；

（2）对各种设备、材料、工具、器具等要逐项盘点核实并填列清单，妥善保管，或按有关规定处理，不得任意侵占和挪用；

（3）对照、核实工程变动情况，重新核实各单位工程、单项工程造价，将竣工资料与原设计图纸进行查对、核实，必要时可进行实地测量，确认实际变更情况；

（4）根据审定的施工单位竣工结算等原始资料，按有关规定对原概预算进行增减调整，重新核实工程造价；

（5）严格划分和核定各类投资，将审定后的待摊费用、设备工器具购置费用、建筑安装工程费用、工程建设其他费用分别计入相应建设成本栏目中；

（6）编制竣工决算财务说明书，填报竣工财务决算报表；

（7）进行工程造价对比分析，侧重分析主要实物工程量、主要材料消耗量、建设单位管理费、建筑安装工程其他直接费和间接费等内容；

（8）整理、装订工程竣工图；

（9）按有关规定上报审批存档。

4. 新增资产价值确定

工程竣工投入运营后所花费的总投资应按会计制度和税法规定形成相应资产，这些新增资产分为固定资产、无形资产、流动资产和其他资产四大类。新增资产价值的确定是由建设单位核算。资产性质不同，其核算方法也不同。

（1）新增固定资产价值构成及确定

1）新增固定资产价值构成包括：

①工程费用：包括设备及工器具购置费、建筑工程费、安装工程费；

②固定资产其他费用：主要有建设单位管理费、勘察设计费、研究试验费、工程监理费、工程保险费、联合试运转费、办公和生活家具购置费及引进技术和进口设备的其他费用；

③预备费；

④融资费用：包括建设期贷款利息和其他融资费用等。

2）新增固定资产价值确定。新增固定资产价值确定是以独立发挥生产能力的单项工程为对象的。当单项工程建成经有关部门验收合格，正式移交生产或使用，即应计算新增固定资产价值。一次交付生产或使用的工程，一次计算新增固定资产价值；分期分批交付生产或使用的工程，应分期分批计算新增固定资产价值。

确定新增固定资产价值时应注意以下几种情况：

①对于为提高产品质量、改善劳动条件、节约材料消耗、保护环境而建设的附属辅助工程，只要全部建成，正式验收交付使用后就要计入新增固定资产价值。

②对于单项工程中不构成生产系统，但能独立发挥效益的非生产性项目，如住宅、食堂、医务所、幼儿园、生活服务网点等，在建成并交付使用后，也要计算新增固定资产价值。

③凡购置达到固定资产标准不需安装的设备、工具、器具，应在交付使用后计入新增固定资产价值。

④属于新增固定资产价值的其他投资，应随同受益工程交付使用一并计入。

⑤交付使用财产的成本，应按下列内容计算：

a. 房屋、建筑物、管道、线路等固定资产成本包括建筑工程成本和应分摊的待摊投资；

b. 动力设备和生产设备等固定资产成本包括需要安装设备的采购成本、安装工程成本、设备基础支柱等建筑工程成本或砌筑锅炉及各种特殊炉的建筑工程成本、应分摊的待摊投资；

c. 运输设备及其他不需要安装的设备、工具、器具、家具等固定资产一般仅计算采购成本，不计"待摊投资"。

⑥共同费用的分摊方法。新增固定资产的其他费用，属于整个建筑工程项目或两个以上单项工程的，在计算新增固定资产价值时，应在各单项工程中按比例分摊。一般情况下，建设单位管理费按建筑工程、安装工程、需安装设备价值总额按比例分摊，而土地征用费、勘察设计费等费用则按建筑工程造价分摊。

（2）新增无形资产确定

无形资产是指能使企业拥有某种权利，能为企业带来长期经济效益，但没有实物形态的资产。无形资产包括专利权、商标权、专有技术、著作权、土地使用权、商誉等。

新增无形资产计价原则：

1）投资者将无形资产作为资本金或者合作条件投入的，按照评估确认或合同协议约定的金额计价；

2）购入的无形资产，按照实际支付价款计价；

3）企业自创并依法确认的无形资产，按开发过程中的实际支出计价；

4）企业接受捐赠的无形资产，按照发票凭证所载金额或者无形资产市场价计价等。

无形资产计价入账后，其价值从受益之日起，在有效使用期内分期摊销。

（3）新增流动资产确定

流动资产是指可以在一年或超过一年的营业周期内变现或者耗用的资产。按流动资产占用形态可分为现金、存货、银行存款、短期投资、应收账款及预付账款等。

依据投资概算核拨的项目铺底流动资金，由建设单位直接移交使用单位。

（4）新增其他资产确定

其他资产是指除固定资产、无形资产、流动资产以外的资产。形成其他资产原值的费用主要是生产准备费（含职工提前进厂费和培训费）、样品样机购置费等。其他资产按实际入账账面价值核算。

7.2.2　工程竣工决算审查

建设单位编制完成工程竣工决算文件后，要上交相关主管部门，由主管部门进行审查。工程竣工决算审查内容主要包括：

（1）竣工决算是否符合工程实施程序，是否有未经审批立项、未经可行性研究和初步设计等环节而自行建设的项目；

（2）竣工决算编制方法的可靠性，有无造成交付使用的固定资产价值不实的问题；

（3）有无将不具备竣工决算编制条件的工程项目提前或强行编制竣工决算的情况；

（4）分别将竣工工程概况表中的各项费用支出与设计概算数额相比较，分析节约或超支情况；

（5）将交付使用资产明细表中各项资产的实际支出与设计概算数额进行比较，以确定各项资产的节约或超支数额；

（6）分析费用支出偏离设计概算的主要原因；

（7）检查工程项目结余资金及剩余设备材料等物资的真实性和处置情况，包括：检查工程物资盘存表，核实库存设备、专用材料账物是否相符；检查工程项目现金结余的真实性；检查应收、应付款项的真实性；关注是否按合同规定预留工程质量保修金。

7.3　工程质量保证金管理

工程质量保证金也称工程质量保修金，是指建设单位与施工单位在施工合同中约定，从应付工程款中预留、用以保证施工单位在缺陷责任期内对建设工程出现的缺陷进行维修的资金。这里的缺陷是指工程质量不符合工程建设强制性标准、设计文件及施工合同约定。

7.3.1　缺陷责任期及工程质量保证金预留

1. 缺陷责任期

缺陷责任期是指施工单位对已交付使用的工程承担合同约定的缺陷修复责任的期限。缺陷责任期一般为1年，最长不超过2年，具体可由发承包双方在合同中约定。缺陷责任期与工程保修期既有区别又有联系。缺陷责任期实质上是预留工程质量保证金的一个期限，而工程保修期是发承包双方按《建设工程质量管理条例》（建质〔2019〕714号）在工程质量保修书中约定的保修期限。《建设工程质量管理条例》规定，在正常使用条件下，地基基础工程和主体结构工程的保修期限为设计文件规定的合理使用年限。显然，缺陷责任期不能等同于工程保修期。

（1）缺陷责任期起算时间

根据住房和城乡建设部、财政部发布的《建设工程质量保证金管理办法》（建质〔2017〕138号），缺陷责任期从工程通过竣工验收之日起计。由于施工单位原因导致工程无法按规定期限进行竣工验收的，缺陷责任期从实际通过竣工验收之日起计。由于建设单位原因导致工程无法按规定期限进行竣工验收的，在施工单位提交竣工验收报告90天后，工程自动进入缺陷责任期。

（2）缺陷责任期延长

根据《标准施工招标文件》（2007年版）中的通用合同条件，由于施工单位原因造成某项缺陷或损坏使某项工程或工程设备不能按原定目标使用而需要再次检查、检验和修复的，建设单位有权要求施工单位相应延长缺陷责任期，但缺陷责任期最长不超过2年。

2. 工程质量保证金预留

根据住房和城乡建设部、财政部发布的《建设工程质量保证金管理办法》（建质[2017]138号），建设单位应当在招标文件中明确保证金预留、返还等内容，并与施工单位在合同条款中对涉及保证金的下列事项进行约定：

（1）保证金预留、返还方式；

（2）保证金预留比例、期限；

（3）保证金是否计付利息，如计付利息，利息的计算方式；

（4）缺陷责任期的期限及计算方式；

（5）保证金预留、返还及工程维修质量、费用等争议的处理程序；

（6）缺陷责任期内出现缺陷的索赔方式；

（7）逾期返还保证金的违约金支付办法及违约责任。

建设单位应按合同约定方式预留保证金，保证金总预留比例不得高于工程价款结算总额的3%。合同约定由施工单位以银行保函替代预留保证金的，保函金额不得高于工程价款结算总额的3%。

在工程竣工前，已经缴纳履约保证金的，建设单位不得同时预留工程质量保证金。采用工程质量保证担保、工程质量保险等其他保证方式的，建设单位不得再预留保证金。

根据《标准施工招标文件》（2007年版）中的通用合同条件，项目监理机构应从第一个付款周期开始，在工程进度付款中，按施工合同约定预留工程质量保证金，直至预留的工程质量保证金总额达到施工合同约定的金额或比例为止。工程质量保证金的计算额度不包括预付款的支付、扣回及价格调整的金额。

7.3.2 工程质量保证金使用和返还

1. 工程质量保证金使用

施工单位应在缺陷责任期内对已交付使用的工程承担缺陷责任。在工程使用过程中发现已由建设单位接收的工程存在新的缺陷部位或部件又遭损坏的，施工单位应负责修复，直至检验合格为止。因施工单位原因造成的缺陷，施工单位应承担修复和查验费用。施工单位不能在合理时间内修复缺陷的，建设单位可自行修复或委托其他人修复，所需费用和利润应由施工单位承担。因建设单位原因造成的缺陷，建设单位应承担修复和查验费用，并支付施工单位合理利润。因他人或不可抗力原因造成的缺陷，施工单位不承担修复和查验费用，建设单位不得从工程质量保证金中扣除费用。建设单位委托施工单位修复的，建设单位应支付施工单位相应的修复和查验费用。

2. 工程质量保证金返还

缺陷责任期满时，施工单位向建设单位申请返还工程质量保证金。建设单位在接到施工单位返还保证金申请后，应于施工合同约定时间内会同施工单位按照合同约定的内容进行核实。如无异议，建设单位应当按照约定将保证金返还给施工单位。对返还期限没有约定或约定不明确的，建设单位应当在约定时间内将保证金返还给施工单位，逾期未返还的，依法承担违约责任。建设单位在接到施工单位返还保证金申请后未在约定时间内给予答复，经催告后仍不予答复，视同认可施工单位的返还保证金申请。

缺陷责任期满时，施工单位没有完成缺陷责任的，建设单位有权扣留与未履行责任剩余工作所需金额相应的工程质量保证金，并有权根据合同约定要求延长缺陷责任期，直至完成剩余工作为止。

复习思考题

1. 工程竣工结算与决算的区别是什么？
2. 工程竣工结算编制依据和原则有哪些？
3. 工程竣工结算审查内容有哪些？
4. 工程竣工决算内容有哪些？
5. 工程竣工决算审查哪些内容？
6. 何谓缺陷责任期？
7. 施工合同中涉及工程质量保证金应约定哪些内容？
8. 工程质量保证金的使用和返还有哪些要求？

8

工程造价审计及
文件资料管理

【学习目标】

    工程造价审计是指从审计监督角度，对工程建设投资活动的真实性、合法性、有效性进行检查和评价的一种行政或内部管理活动。工程造价审计与工程造价管理密切相关。工程造价文件资料管理是整个工程造价管理的基础性工作，对工程造价管理水平起着决定性作用，工程造价文件资料管理的好坏直接影响工程造价管理结果。因此，有必要加强工程造价文件资料管理。工程造价审计及文件资料管理主要内容如图8-1所示，工程造价审计主要包括概预算审计、招标及合同价审计、工程结算审计；工程造价文件资料管理主要包括积累、分析和应用。

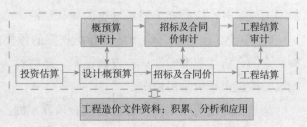

图 8-1　工程造价审计及文件资料管理主要内容

通过学习本章，应掌握如下内容：

（1）工程造价审计，包括：概预算审计、招标及合同价审计、工程结算审计；

（2）工程造价文件资料管理，包括：积累、分析和应用。

8.1　工程造价审计

工程造价审计是由企业内部或外部审计机构按照相关法规和各项技术指标，对工程建设投资所花费的全部费用实施的审核与监督。通过审计监督，保证工程建设投资的真实性、准确性及竣工结算编制方法的合规性。

8.1.1　工程造价审计内容和作用

1. 工程造价审计内容

工程造价审计内容包括：概预算审计、招标及合同价审计、工程结算审计。

（1）概预算审计

概预算审计包括初步设计概算审计和施工图预算审计。

1）初步设计概算审计。初步设计概算审计是指对工程设计概算的完整性、准确性和技术经济合理性进行的审计。具体审计包括以下四方面内容：

①检查工程计价依据的合规性；

②检查初步设计及概算审查情况，包括概算文件、概算项目与初步设计方案的一致性、项目总概算与单项工程综合概算中费用构成的正确性；

③检查概算编制依据的合法性；

④检查概算具体内容，包括工程总概算表、综合概算表、单位工程概算表和有关初步设计图纸的完整性；组织概算会审情况，重点检查总概算中各项综合指标和单项指标与同类工程技术经济指标对比是否合理。

2）施工图预算审计。施工图预算审计主要检查施工图预算的量、价、费计算是否正确，计算依据是否合理。施工图预算审计包括直接费用审计、间接费用审计、利润和税金审计等内容。

①直接费用审计。其包括工程量计算、单价套用的正确性等。

a. 工程量计算审计：采用工程量清单报价的，要检查其符合性。在设计变更发生新增工程量时，应检查工程量变更的确认情况。

b. 单价套用审计：检查是否套用规定的预算定额、有无高套和重套现象；检查定额换算的合法性和准确性；检查新技术、新材料、新工艺出现后的材料和设备价格调整情况；检查市场价采用情况。

②其他直接费用审计。其包括检查预算定额、取费基数、费率计取是否正确。

③间接费用审计。其包括检查各项取费基数、取费标准计取套用的正确性。

④利润和税金审计。其包括利润和税金计取的合理性。

（2）招标及合同价审计

招标及合同价审计包括工程量清单计价审计和合同价审计。

1）工程量清单计价审计。工程量清单计价审计的重点包括以下五方面：

①检查实行清单计价工程的合规性；

②检查工程量清单的准确性、完整性；

③检查工程量清单计价是否符合清单计价规范要求的"四统一"，即：统一项目编码、统一项目名称、统一计量单位和统一工程量计算规则；

④检查最高投标限价或标底编制是否符合清单计价规范；

⑤检查投标人编制的工程量清单报价文件是否响应招标文件。

2）合同价审计。合同价审计是指对合同价是否合法、是否合理进行检查。检查合同价的可调范围是否合适，若实际发生调整部分，应检查其真实性和计取的正确性。

（3）工程结算审计

工程结算审计内容包括：

1）检查与合同价不同的部分，其工程量、单价、取费标准是否与现场、施工图和合同相符；

2）检查工程量清单中费用与清单外费用是否合理；

3）检查工程结算方式是否能合理地控制工程造价。

2. 工程造价审计作用

加强工程造价审计，对工程造价管理有诸多裨益。

（1）有利于合理确定工程造价

工程竣工决算首先需要确定一个合理的工程造价，工程造价审计的本质就是以客观、公正的立场合理确定和有效控制工程造价，它是工程竣工决算的基础。

（2）有利于提高投资效益

在工程实施阶段，由于外部条件变化，设计、施工等各阶段未考虑周全的因素会显现出来，导致工程变更，工程造价也会随之发生变化。通过工程造价审计，保障各种经济资料真实、准确、合理、合法地反映经济活动；结合合同约定，不仅有利于分清各类费用责任主体，进行有效结算，而且通过分析工程造价变动，可及时发现漏洞，使政府有关部门对建设资金做到正确投向和合理分配，充分发挥投资效益。

（3）有利于促进企业提高经营管理水平

工程造价审计工作直接影响工程造价水平，在当前工程计价体系下与施工单位货币收入直接相关。如果因预算编制漏项或单价套低而少算，会影响施工单位经济效益；反之，如果因预算编制重项或单价套高而多算，会使施工单位轻松获得较高收益而忽视管理水平再提高。通过加强预算审核，有利于堵塞少算或多算漏洞，促使施工单位认真采取降低成本措施，提高经营管理水平。

（4）有利于建筑市场合理竞争

经过审核预算，有利于提供准确的工程造价和主要材料及设备需要数量，从而为工程招标与投标奠定基础。基于工程造价审计，能够合理确定最高投标限价或标底，也有利于促进建筑市场合理竞争，提出更加合理的投标报价。

（5）有利于维护国家财经纪律

建设单位获得批准的工程建设投资，必须用于规定的计划内工程，不得擅自挪作他用。通过工程造价审计工作，可以发现建设单位是否有计划外工程费用支出，是否有挪用投资等违规行为。还可通过审核建设单位各项费用支出，发现是否有贪污、私分、送礼等违纪活动，维护财经纪律。

8.1.2　工程实施阶段造价审计

工程造价审计大多是对工程竣工结算的审计，即根据施工图纸、施工合同和交工资料来审查工程造价的合理性。但这属于事后审计，往往难以起到预防作用，也难以避免建设单位与施工单位串通做高投标限价或标底而提价的情况发生。因此，有必要从工程招标开始实施工程造价事前、事中和事后审计。

1. 事前审计

工程造价事前审计要重视对招标文件及合同的审核。

（1）招标文件审核

审查招标文件时，要将对投资额影响较大且事后审计难度较大，甚至出了问题无法挽回的内容作为审核要点。施工图预算审计主要检查施工图预算的量、价、费计算是否正确，计算依据是否合理。工程量清单审计主要检查工程量项目是否完整不重复，工程量计算是否正确，计算依据是否合理。

（2）合同审核

确定中标单位后，可对施工合同进行审核，尽可能排除不可预见的风险因素。对意思含糊不清的合同内容、合同与招标文件不符、合同前后矛盾、综合单价中包含的费用组成描述不清、价格调整条件及调差方法规定含糊、变更处理原则描述不清等内容进行认真审核，必要时可要求澄清合同内容。通过完善合同降低风险，从而达到控制工程造价的目的。

2. 事中审计

工程施工过程中也要进行审计监督，尤其是对隐蔽工程的监督。要深入现场调查、取证、记录，必要时进行拍照，跟踪审计记录要由建设单位、施工单位和审计人员三方签字认可。例如土方工程，当地勘不详时就会出现超挖情况，如果施工中加大工程量，在决算时不易被发现，只有亲自到现场监督才能保证签证量属实。因此，事中审计必不可少。事中审计要注重以下三方面。

（1）工程量审核

工程量复核出现差异是常见现象，在保证审核质量的前提下，为提高审核效率、最大限度地节约审核成本，需要根据工程特征采取不同的审核方法。常见的工程量审核方法有以下几种：

1）全面审核法。其适用于工程量比较小、工艺比较简单的工程。

2）标准图审核法。其只适用于按标准图设计或施工的工程。

3）分组计算审核法。其可加快工程量审计速度。

4）对比审核法。一般应根据工程的不同条件和特点区别对待。

5）筛选审核法。其适用于有一定经验数据的工程。

6）重点审核抽查法。其在工程造价内部审计时应用较多。

（2）变更审核

工程变更在工程施工过程中时有发生，变更的不确定性加大了成本控制难度。有些施工单位采取低价中标，或在清单报价中采用不均衡报价策略，然后在施工过程中结合现场情况进行变更以谋求利益。由于建设单位对施工实际情况了解有限，或施工单位与设计、监理单位联手弄虚作假，通过虚报变更、高估工程量、高价结算等牟取高额利润。因此，变更签证和费用索赔是工程造价审核的重点。

在变更审核中，要结合工程现场实际情况，深入研究合同条款，对技术要求、计量规则、新单价确定依据等问题进行深入分析。一方面要分析变更签证的真实性、合理性、必要性；另一方面要审查赔偿量、价款计算是否正确，工程量是否准确属实，单价采用是否合理，负变更对应的工程价款是否及时扣回等。

（3）价格调整

人工、材料价格是工程造价的重要组成部分，直接影响工程造价高低。工期较长、工程量较大的工程项目一般会在合同中约定价格调整内容和方法，审计时应将工程量统计和信息价统计工作作为审查重点，审查其数据的准确性和合理性。

对于以变更形式处理的工程项目，要特别关注材料价格调差。在变更处理中如已按当期市场价作为材料费重新组建新单价，则不应进行调差，否则属于重复计算，应引起注意。人工费调整应依据地方政府或行业调差文件处理，该部分费用审查需结合文件精神、合同条款、投标报价中人工费比例情况计算确定。机械费调整往往是燃油动力费价格的调整，对该部分费用的审核应注意收集信息价，并依据合同约定的调差原则进行处理，对于台班或工程量数据需进行必要的审查。

3. 事后审计

事后审计即工程竣工结算审计，其对于全过程造价控制的经验反馈十分重要。事后审计实施重点包括核对合同条款、检查隐蔽工程验收记录、审查暂估价调整、按图纸核实工程量和按合同约定核实单价。

（1）核对合同条款

应根据合同约定的施工内容及范围，现场查验是否施工到位；对合同范围内明确定价的材料，查看其购置程序是否合规、手续是否完备、价格是否合理；核查结算中采用的结算方法、计价定额、取费标准、主材价格和优惠价格条款是否与合同约定相符。

（2）检查隐蔽工程验收记录

审查工程竣工结算时，隐蔽工程施工记录、验收签证和相关手续必须完整，工程量与工程竣工图一致方可列入结算。

（3）审查暂估价调整

审查暂估价项目确认后的价格内容与原暂估价包含的内容是否一致；审查暂估价部分调整的数量是否超出投标时数量；审查暂估价项目调整的费用是否只计取规费和税金。

（4）按图纸核实工程量

工程竣工结算的工程量应依据工程竣工图、设计变更单和现场签证等进行核算：

1）按施工图预算报价签订的合同，工程量应按施工图预算规则进行审查。

2）按工程量清单报价签订的合同，工程量应按工程量清单项目及计算规则计算，对工程量清单项目及相应工程量按实调整。

（5）按合同约定核实单价

工程结算单价应按照合同约定的计价方式，按现行计价原则和计价方法确定。

1）按定额计价法报价签订的合同。建筑安装工程的取费标准应按合同要求或工程建设期间与计价定额配套使用的建筑安装工程费用定额及有关规定执行。先审查各项费率、价格指数或换算系数是否正确，价差调整的计算是否符合定额规定；再核实特殊费用和计价程序是否正确；最后审查各项费用的计取基数是否正确。

2）按工程量清单报价签订的合同，综合单价按下列方法确定：

①因分部分项工程量清单漏项或非施工单位原因的工程变更，造成增加新的工程量清单项目。合同中已有适用的综合单价，按合同确定；合同中有类似的综合单价，参照类似的综合单价确定；合同中没有适用或类似的综合单价，由施工单位提出综合单价，建设单位确认。

②因非施工单位原因引起的工程量增减，在合同约定幅度以内的，执行原有综合单价；在合同约定幅度以外的，其综合单价由施工单位提出，建设单位确认。

8.2   工程造价文件资料管理

工程造价文件资料既是工程造价管理基础，同时有许多文件资料又是工程造价管理成果。为确保工程造价管理工作效率及准确度，做好工程造价文件资料的积累、分析及应用十分重要。

8.2.1 工程造价文件资料积累和分析

积累和分析工程造价文件资料，有利于建立较为完善有效的工程造价资料体系。对施工企业而言，通过积累工程造价文件资料，可不断完善自身工程造价数据库，从而为企业经营者进行经营决策提供有力的判断依据。对工程造价咨询公司而言，通过积累和分析工程造价文件资料，可不断为公司提供造价信息和智力资本，从而有利于促进工程造价咨询公司的可持续发展。对整个建筑市场而言，通过积累和分析工程造价文件资料，不仅可为政府相关部门发布工程造价信息、监管工程造价提供依据，而且在很大程度上为工程造价信息化、数字化奠定基础。

1. 工程造价文件资料积累

（1）工程造价文件资料积累的主要内容

工程造价文件资料积累的主要内容包括两方面：一是"价"；二是"量"。此外，还会涉及影响工程造价的经济及技术要素，如工程特征及建设条件等。按照不同的投资组成划分，工程造价文件资料包括分部分项工程造价文件资料、单位工程造价文件资料、单项工程造价文件资料及其他文件资料等。

1）分部分项工程造价文件资料。其主要有直接工程费、单位造价相关指标及分部分项工程量。

2）单项工程造价文件资料。其主要有投资估算、概算、预算和工程造价指数等。

3）单位工程造价文件资料。其主要有工程量、主要工程内容、材料数量和费用、建筑结构特征、施工时间、个人工作时间和费用等。

4）其他造价文件资料。其主要有涉及新工艺、新材料、新技术、新设备的分部分项工程中的个人工作时间、材料数量和安装费用等。

（2）工程造价文件资料积累原则

1）统一性原则。应将收集的工程造价文件资料进行分类处理，有效保证工程造价文件资料得到充分利用。

2）科学性原则。收集工程造价文件资料要与实际需要相符合，确保工程造价文件资料的科学性和客观性。

3）普遍性原则。工程造价文件资料的收集范围广泛，涉及社会生产和生活的各个方面，要确保所收集资料的完整性和全面性。

4）代表性原则。要选择收集那些代表性强的工程造价文件资料，舍弃一些利用价值低的资料，可减少收集工作量。

5）时效性原则。不同工程建设时期，工程造价水平会有较大差异。因此，应确保工程造价文件资料的有效性。

（3）工程造价文件资料积累渠道

1）施工单位。每一项工程建设都会产生大量造价文件资料，施工单位也是工程造价文件资料使用最直接、最频繁的单位。尤其是各项工程竣工结算资料是工程造价管理工作中最为宝贵的实践经验积累。因此，施工单位对已完工程造价资料进行收集分析，可获得最为接近市场价格水平的各类造价数据。由此可见，通过施工单位积累工程造价文件资料是最为直接的重要渠道。

2）工程造价咨询单位。通过工程造价咨询单位加强对所咨询项目的造价数据收集整理，可形成更有价值的工程造价指标或指数，这也是积累工程造价文件资料的重要渠道。

3）工程造价管理部门。各地区、各行业工程造价管理部门通过编制工程造价指标或指数、发布工程造价信息等，引导工程造价管理科学发展。这也是目前管理体制下积累工程造价文件资料的重要渠道。

此外，建筑材料生产和销售、机械设备租赁等单位，以及相关造价信息网站、交流平台和工程计量计价软件公司等也是积累工程造价文件资料不可忽视的渠道。

2. 工程造价文件资料整理和分析

（1）工程造价文件资料分类

为了更好地应用工程造价文件资料，发掘其更大的利用价值，可从不同角度对工程造价文件资料进行分类。

1）按工程类别分类。如按建筑工程、市政工程、公路工程、铁路工程等进行分类；还可将大类工程进行细分，如建筑工程还可细分为居住建筑工程和公共建筑工程，公共建筑工程又可按功能分为医院建筑工程、学校建筑工程、体育建筑工程等。

2）按工程组成分类。按工程项目→单项工程→单位工程→分部工程→分项工程顺序依次划分。在此基础上计算各级工程造价指标或指数。

3）按造价指标分类。如工程综合造价指标、单项造价指标、建筑物单位造价指标、各种费用占工程投资比例等。同时，还可建立工程造价指标测算模型，能在一些影响因素变动时（如人工、材料、机械使用价格）予以调整替换，以获得贴近当前市场实际价格水平的造价指标。

4）按工艺技术分类。即使是同一类工程，采用不同施工工艺、施工技术，也会花费不同的施工成本。因此，可按不同施工工艺技术分析、计算工程综合单价，同时还要密切关注行业内新技术的应用。

（2）工程造价文件资料分析

由于工程造价文件资料数量巨大、种类繁多，一般需借助信息技术进行整理分析。充分利用物联网、大数据、云计算等现代信息技术优势，可建立系统化工程造价数据库和智能化工程造价信息平台，应用人工神经网络、模糊类比、统计预测等分析方法，实现工程造价文件资料的科学分析、快速传递和共享应用。

8.2.2　工程造价文件资料应用

积累和分析工程造价文件资料的主要目的是为了应用工程造价数据，使其在制定经济指标、编制工程估算及概预算、确定最高投标限价及投标报价、实施成本控制等多方面发挥作用。特别是在以大数据、人工智能为代表的信息技术快速发展背景下，应在工程造价管理活动中有意识地解构数据、应用数据，进行工程造价数据建设，实现工程造价数据的资源化。

1. 制定经济指标

通过收集和存储各类工程造价文件资料，作为编制各类定额的基础资料。通过分析分部分项工程造价，了解实物量消耗；对比分部分项工程预算和结算，可以发现既有经济指标是否符合实际情况，并提出修订方案。此外，对于新工艺和新材料，积累的资料也可为编制新增造价指标提供有用信息。

2. 编制工程投资估算

投资估算指标法是确定工程造价的常用方法。通过收集和分析以往类似工程造价文件资料，可以确定和修正工程投资估算指标，从而为科学合理地采用投资估算指标进行工程投资估算奠定坚实基础。

3. 编制工程概预算

在初步设计阶段，可利用所积累的工程造价文件资料更加深入细致地编制初步设计概算，还可为限额设计和利用价值工程进行设计方案优化提供基础依据。在施工图设计阶段，通过比较分析类似工程造价文件资料，判别施工图预算的准确性，并对不可预见因素造成的造价变化进行预测分析。

4. 确定最高投标限价及投标报价

在招标投标阶段，业主方可利用所积累的工程造价文件资料编制最高投标限价，投标单位可借助于类似工程造价文件资料分析确定投标报价。特别是对于工程建设中一些新材料、新工艺的应用，可借助于积累的工程造价文件资料迅速估算相应价格，这样不仅能减小估算误差，还能保证工程招标投标工作顺利进行。

5. 施工成本控制

施工单位积累的以往类似工程造价文件资料也是其内部实施成本控制的重要参考依据。

复习思考题

1. 工程造价审计内容有哪些？工程造价审计方法有哪些？
2. 如何借助信息技术提高工程造价文件资料管理工作水平？
3. 工程造价事前、事中和事后审计重点分别有哪些？
4. 工程造价文件资料应积累哪些内容？
5. 工程造价文件资料可应用于哪些方面？

9

工程造价风险管理

【学习目标】

　　工程造价风险是工程造价管理必须考虑的内容。无论是建设单位或承包单位，还是提供工程造价咨询服务的专业化单位，均需要强化工程风险管理意识，注重工程造价风险管理。按照工程风险管理程序，工程造价风险管理主要内容如图9-1所示，主要包括建设单位、承包单位及工程造价咨询单位的风险因素及其识别方法，以及工程造价风险应对策略。

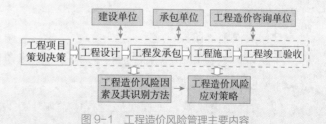

图 9-1　工程造价风险管理主要内容

通过学习本章，应掌握如下内容：

（1）工程造价风险因素及其识别方法；

（2）工程造价风险应对策略。

9.1 工程造价风险因素及其识别方法

9.1.1 工程造价风险因素

工程建设过程中，建设单位、承包单位及工程造价咨询单位承担着不同的工程造价风险。

1. 建设单位工程造价风险

工程设计完成后，建设工程造价已基本确定。此后，建设单位工程造价风险因素可从工程招标投标、施工和竣工结算三个阶段分别考虑。

（1）工程招标投标阶段

建设单位在此阶段的工程造价风险主要有：工程量风险、综合单价风险、最高投标限价风险、招标文件与合同内容隐藏风险。

1）工程量风险。采用工程量清单方式进行工程招标，实现了工程风险在发承包双方之间的合理分配，即建设单位承担工程量变动风险，承包单位承担工程报价风险。因此，如果建设单位或其委托的工程咨询单位编制的工程量清单不够准确或不够全面，将会给建设单位带来工程造价风险。工程量清单的风险因素主要有工程量不准确，工程量清单错项、漏项，分项工程内容、特征描述不清等。

2）综合单价风险。在签订工程合同时，如果建设单位未对综合单价中人工、材料、机械台班单价的调整进行约定或约定不明，会造成合同履行中双方出现纠纷，从而增加建设单位工程造价风险。

3）最高投标限价风险。建设单位或其委托的工程咨询单位编制最高投标限价，旨在防止投标单位串通投标、哄抬标价，但如果最高投标限价编制不合理，会给评标结果的正确性带来影响，进而给建设单位带来工程造价风险。

4）招标文件与合同内容隐藏风险。招标文件规定投标规则、程序及中标后签订合同的主要条款，旨在向投标人提供编写投标文件所需的资料。如果招标文件不完善或合同条款内容不完整，叙述不严密、有漏洞，将有可能引起承包单位索赔，从而给建设单位造成损失。

（2）工程施工阶段

在此阶段对建设单位工程造价影响较大的风险因素主要有：工程变更、承包商索赔、环境变化及物价变化等。

1）工程变更风险。工程实施过程中，由于建设单位提出或由施工承包单位提出经建设单位批准的任何一项工作的增加、减少、取消；或由于施工工艺、施工顺序、施工时间改变，设计图纸修改，施工条件改变，招标工程量清单项目错、漏等，都将会引起合同条件改变或工程量增减变化等，这些都属于工程变更。由于工程变更导致的合同条件改变或工程量增减，会直接影响建设单位工程造价。

2）承包单位索赔风险。在工程合同履行过程中，承包单位因非自身原因而遭受损失，按合同约定或法律法规规定应由建设单位承担责任的，承包单位会向建设单位提出工期或费用索赔，从而影响建设单位工程造价。

3）环境变化风险。其包括法律法规变化和不可抗力因素。法律法规变化属于社会环境因素变化，如建筑业"营改增"政策的实施就会对工程造价产生影响，并对工程参建各方的工程造价管理提出更高要求。不可抗力是指发承包双方在签订工程合同时不能预见、对其发生后果不能避免，且不能克服的自然灾害和社会性突发事件。例如，突发地震或海啸对正在建设的工程造成损坏时，也会对工程造价产生巨大影响。

4）物价变化风险。对于施工周期长的工程项目，物价变化会影响工程造价。工程合同中约定的由建设单位负责供应的建筑材料价格变动会引起总承包服务费变化；承包单位自行采购的材料和工程设备，以及施工机械台班价格波动也会影响合同价格。工程合同中约定的材料、工程设备、专业工程暂估价在施工过程中确认单价或价格后取代暂估价，也会导致合同价款调整而影响工程造价。

（3）工程竣工结算阶段

工程竣工结算阶段是工程造价最终形成阶段。有些承包单位会采用各种手段增加工程结算价，如增大结算工程量、贿赂结算审核人员、编制虚假工程签证单等。为此，建设单位应对工程结算予以高度重视，采取积极应对策略，以降低工程造价风险。

2. 承包单位工程造价风险

承包单位工程造价风险因素也可分工程招标投标、施工和竣工结算三个阶段分别考虑。

（1）工程招标投标阶段

承包单位在此阶段的工程造价风险因素主要有：建设单位资信风险、垫资风险、勘察设计风险、施工方法和施工技术风险、投标报价决策风险、合同风险等。

1）建设单位资信风险。建设单位资信情况反映其合同履行能力和履行态度。在我国，由于种种原因，建设单位延迟付款是一种普遍现象，有些信誉较差的建设单位甚至故意克扣或拖欠工程款。因此，建设单位资信风险是承包单位需要面临的工程造价风险因素之一。

2）垫资风险。垫资不仅会使承包单位资金运转紧张、增加工程成本、直接影响企业效益，严重的甚至导致职工工资不能及时发放，造成工人队伍不稳定及人才流失。

3）勘察设计风险。有些建设单位在工程设计方案不确定时就进行招标，设计不充分或不完善时，很有可能给承包单位的投标报价带来风险。

4）施工方法和施工技术风险。每一种施工方案，无论是传统的还是创新的，都有其自身特点和适用条件。不同施工方案的施工成本肯定是不同的，这就要求承包单位必须对不同施工方法、施工技术条件下的风险进行评估，尤其是在采用新工艺、新技术时，更应充分考虑施工方法和施工技术风险。

5）投标报价决策风险。目前，多数工程项目采用工程量清单计价模式。在此模式下，承包单位在投标时应根据建设单位提供的工程量清单，结合自身生产效率、消耗量水平和管理能力，考虑适度风险后进行投标报价。一旦报价确认，中标后工程造价是不能轻易改变的。也就是说，工程综合单价风险将全部由承包单位承担。基于下列现实情况，承包单位将会面临较大风险：

①目前多数承包单位尚未建立自己完善的企业定额体系，大多采用工程所在地政府部门发布的统一预算定额消耗量进行报价。而这种预算定额消耗量是按社会必要劳动时间（即社会平均水平）来确定的，与各承包单位的实际水平并不一致，当承包单位的综合水平未达到这种社会平均水平时，会大大增加报价风险；

②目前建材市场、劳动力市场、机械设备租赁市场的价格变化幅度有较大的不可预测性，当价格变化幅度远超预计程度时，工程造价风险剧增，甚至会出现承包单位承包工程越多亏损越多的局面；

③工程施工中有些难以预料的因素，特别是施工技术与施工组织的措施项目（如材料检验检测费、建筑物超高增加费、周边环境保护和交通要求等），现场实际与报价考虑不完全一致时，都会带来较大风险。

6）合同风险。施工合同既是工程项目管理的法律文件，又是工程项目全面风险管理的重要依据。承包单位要抓好合同的签订和运用，要认真推敲和审核工程合同价款确定方式、工程价款调整与支付、合同履行期限、工程变更和索赔、竣工结算等核心内容，降低工程合同风险。

（2）工程施工阶段

承包单位在此阶段的工程造价风险因素主要有：来自建设单位的风险，来自监理单位的风险，国家政策及经济因素变化风险，异常气候、重大疫情等不可抗力风险，以及承包单位自身引起的风险。

1）来自建设单位的风险。有些建设单位不遵循工程施工的客观规律，不合理压缩工期；有些不严格按照施工图纸、施工合同办事，在工程施工过程中经常对设计提出修改，导致设计反复变更。有些工程项目的建设单位未能处理好复杂的工程项目外部协调关系，如施工手续办理、拆迁等，均会影响工程进度和造价。

2）来自监理单位的风险。有些工程项目监理机构工作效率低，拖延签署支付，或是项目监理机构有意拖延支付。还有因部分监理人员水平低，对一些索赔问题迟迟提不出建议或做不出决定，这些都是承包单位需要面临的工程造价风险因素。

3）国家政策及经济因素变化风险。建筑业发展与国家政策密切相关，尤其是国家建设投资结构和规模调控、信贷政策变化等，都将对建筑业产生直接影响，也会影响到承包单位的业务开拓和产出效益。通货膨胀、外汇汇率浮动、税收政策、物价上涨和价格调整等经济因素会影响建筑产品单位成本，进而会影响工程造价。

4）不可抗力风险。工程施工最易受到自然环境影响，特别是超出正常年份的雨季、寒冷的冬季等异常恶劣的气候条件，以及发生重大疫情等，都会影响正常施工，降低工效，甚至被迫停工。此外，对国际工程还可能受到战争、海盗、罢工等风险因素影响。

5）承包单位自身引起的风险。由于承包单位自身原因引起的工程造价风险因素主要有不规范行为引起的风险、管理方面的风险、人员方面的风险和索赔困难带来的风险等。

①不规范行为引起的风险。承包单位的不规范行为会带来工程造价风险，可能的不规范行为有：施工中不执行工程建设标准；非法转包、违法分包；采用施工技术和工艺不当，使用不合格工程材料、设备等。

②管理方面的风险。承包单位管理方面的工程造价风险是指在工程施工过程中因管理不善等原因造成的经济损失。如：工程项目管理机构人员配备不合理，素质参差不齐，工作责任心不强，协调管理不善等带来管理失控而造成的经济损失；合同管理不善带来的风险；施工准备工作不充分，施工方案不科学、工序安排不合理，材料供应、机械设备到位不及时等产生的风险等。

③人员方面的风险。承包单位在人员方面面临的工程造价风险因素有：人身意外伤害事故风险；经营或管理骨干等关键人员离职风险；员工忠诚度不够带来的风险；建筑材料采购人员收受回扣和购进质次价高材料的风险；材料使用过程中的浪费风险等。

④索赔困难带来的风险。由于在工程索赔事项发生时，建设单位往往会利用其在工程建设中的主导地位，以拖延方式应对承包单位提出的工程索赔，或用口头承诺方式使承包单位在工程结算时缺乏真正依据，最终导致索赔失败。为此，承包单位应高度重视施工索赔证据的收集和积累。

（3）工程竣工结算阶段

在此阶段承包单位面临的工程造价风险主要有：建设单位压价，不支付应付工程款或拖欠工程款；建设单位不按照合同约定期限办理工程竣工结算；建设单位转嫁本应由其承担的有关规费；由于设计变更和工程签证手续不完备、工程质量问题、拖延工期等原因，造成工程造价纠纷，致使无法办理工程竣工结算；承包单位缺乏有效的索赔证据，无法进行索赔；承包单位计价失误，少算漏算；由于工程计价政策、依据变化及材料涨价等因素，导致工程预期利润减少等。

3. 咨询单位工程造价风险因素

在全过程工程造价咨询模式下，造价咨询单位将参与工程招标投标、施工、竣工结算和决算全过程咨询。因此，造价咨询单位工程造价风险也可分为三个阶段进行分析。

（1）工程招标投标阶段

在此阶段造价咨询单位主要为建设单位（招标方）服务，工程造价风险因素主要有：工程量清单编制、标底或投标限价编制、招标文件及合同编制及投标单位资质和标书审核。

1）工程量清单编制。其风险因素主要有：清单项目有漏项、清单项目特征描述不完整或不正确、清单工程量不准确等。

2）标底或投标限价编制。其风险因素主要有：标底或投标限价编制、审查不专业、欠严谨，如综合单价的组价不完整或有错误、措施项目费用计取不全、未考虑大型机械进出场及设备保护费等。

3）招标文件及合同编制。其风险因素主要有：招标文件及合同编制不严谨、不细致，容易使当事人误解，或者给施工单位提供钻空子的机会，造成工程实施时造价管控有漏洞。

4）投标单位资质和标书审核。其风险因素主要有：投标资格预审时资质审查不严；评标时造价数据计算复核不到位，未能审查出投标单位严重的不平衡报价或重大漏项等。

（2）工程施工阶段

在此阶段咨询单位的工程造价风险因素主要有：工程进度款支付审核及工程变更和索赔审核。

1）工程进度款支付审核。其风险因素主要有：对工程款计量规则和范围不清，未能结合施工形象进度记录严格审查工程进度款支付申请；未能审查出施工单位虚报工程量的情况；对于超出工程量清单的工程量或合同外变更签证，对其支撑资料和签批手续是否完整审核不严等。

2）工程变更和索赔审核。其风险因素主要有：未能审查工程变更原因及相关文件资料和审批程序的完整性、真实性；对于施工单位提出的工程变更，未能分析是否存在通过变更来弥补不平衡报价的亏损问题；对于设计单位提出的工程变更，未能分析是否存在设计粗糙、错误等问题；未能审查工程索赔时效、费用计算的准确性及相关证据资料；未能审查工程索赔是否符合合同约定及相关程序要求等。

（3）工程竣工结算和决算阶段

在此阶段咨询单位的工程造价风险因素主要有：工程竣工结算审核和工程竣工决算编制。

1）工程竣工结算审核。承包单位提供的工程结算资料可能存在混乱、不完整、不真实及数据错误等情况。工程造价咨询单位至少需要审查以下材料：工程竣工结算的完整性、真实性、合规性；工程量、单价、取费标准的合理性和正确性；工程变更和索赔等程序的合规性、事项的真实性和费用计算的正确性。

2）工程竣工决算编制。其主要考虑工程竣工内容的完整性和数据结果的准确性。

9.1.2　工程造价风险识别方法

工程造价风险识别方法主要有：德尔菲法、头脑风暴法、检查表法、事故树分析法等。可根据风险识别对象的特点，选择适宜的风险识别方法，也可将多种方法结合起来使用。

1. 德尔菲法

德尔菲（Delphi）法，也称专家调查法，是一种利用函询形式进行集体匿名思想交流的过程。该方法按照规定程序，通过背靠背方式来征询专家意见或判断。

（1）德尔菲法的特点

1）匿名性。采用德尔菲法时，所有专家组成员不直接见面，只是通过函件进行交流，这样可以消除权威影响。当然，改进的德尔菲法允许专家开会进行专题讨论。

2）反馈性。德尔菲法需要经过3~4轮信息反馈，每次反馈都能使专家们进行深入研究，最终确保分析客观、可信。

3）统计性。通过德尔菲法收集的观点都能得到统计，可避免专家会议法只反映多数人观点的不足。

（2）德尔菲法实施步骤

1）确定调查分析题目，拟定调查分析提纲，准备向专家提供的资料（包括分析识别目的、期限、调查表及填写方法等）。

2）按照分析识别所需知识范围，确定专家，成立专家组。专家人数可根据分析识别需求而定，一般不超过20人。

3）向所有专家提出所要分析识别的问题及有关要求，并附上有关背景材料。

4）各位专家根据要求并结合背景材料，提出自己的分析识别意见。

5）汇总各位专家分析判断意见，经对比分析后形成图表（也可请更高身份的专家加以评论后），再分发给各位专家。各位专家比较自己与他人意见后，再次提交自己修改后的意见和判断。

6）收集汇总所有专家的修改意见，再次分发给各位专家，以便使各位专家进行第二次修改。在向各位专家反馈意见时，只给出各种意见，但并不说明发表各种意见的专家姓名。经过三、四轮如此循环的专家意见征询，直到每一位专家不再改变自己的意见为止。

7）综合处理各位专家意见，形成专家最终意见。

德尔菲法能够充分发挥各位专家的作用，集思广益，分析识别结果准确性高；同时可有效避免权威人士意见对其他人的影响。但由于缺少思想沟通交流，德尔菲法可能存在一定的主观片面性，容易受组织者主观影响。

2. 头脑风暴法

头脑风暴法，又称智力激励法或自由思考法，是一种通过邀请不同知识领域专家组成专家组，以专家创造性思维来获取信息的直观分析判断方法。

头脑风暴法的成功要点主要体现在以下几方面。

（1）自由畅谈

参加者不受任何条条框框限制，可从不同角度、不同层次、不同方位大胆地展开想象，尽可能地标新立异，提出独创性想法。

（2）延迟评判

头脑风暴法必须坚持当场不对任何设想做出评价的原则。既不肯定某个设想，也不否定某个设想，不对某个设想发表评论性意见。所有分析判断都要延迟到会议结束后才进行。这样做一方面是为了防止评判约束与会者的积极思维，破坏自由畅谈的有利气氛；另一方面是为了集中精力先开发设想，避免把应在后面进行的工作提前进行，影响创造性设想的大量产生。

（3）禁止批评

绝对禁止批评是头脑风暴法应遵循的一个重要原则。参加头脑风暴会议的每个人都不得对别人的设想提出批评意见，因为批评对创造性思维无疑会产生抑制作用。同时，发言人的自我批评也在禁止之列。有些人习惯于用一些自谦之词，这些自我批评性质的说法同样会破坏会场气氛，影响自由畅想。

（4）追求数量

头脑风暴会议的目标是获得尽可能多的设想，追求数量是其首要任务。参加会议的每个人都要抓紧时间多思考，多提设想。设想的质量问题可留到会后设想处理阶段去解决。设想的质量与数量密切相关，产生的设想越多，创造性设想就可能越多。

头脑风暴法可激发想象力，有助于发现新的风险和全新解决方案；可让主要利益相关者参与其中，有助于进行全面沟通。但头脑风暴法也有一定的局限性。参与者可能缺乏必要的技术及知识，无法提出有效建议；可能由于种种原因导致某些有重要观点的人保持沉默而其他人却成为讨论的主角。此外，头脑风暴法较难保证分析结果的全面性，且实施成本较高。

3. 检查表法

检查表法是保险公司、咨询单位等专业团体就工程风险（包括工程造价风险）进行详尽调查分析，并形成风险分析报告的一种方法。检查表法是根据系统工程分析思想，在对风险分析对象进行系统分析的基础上，找出所有可能存在的风险源列在检查表中，然后以提问方式识别风险因素。这种检查表的格式不一定统一，但其提出的问题对于建设单位、承包单位或咨询单位都是有意义、普遍适用的。

检查表法分析弹性大，既可用于简单的快速分析，也可用于更深层次的分析。因此，检查表法是一种较为方便、有效的风险识别方法。

4. 事故树分析法

事故树分析法起源于故障树分析法，主要是以树状图形式表示所有可能引发主要事件发生的次要事件，解释风险因素引发风险事项的作用机制及个别风险事件组合可能发生的潜在风险事件。

通常采用演绎分析方法编制事故树。首先，将不希望发生且需要研究的事件作为"顶上事件"放在第一层，然后找出造成"顶上事件"发生的所有直接原因事件列为第二层，再找出造成第二层各事件发生的所有直接原因列为第三层，如此层层向下，直至找出最基本的原因事件为止。在构造事故树时，被分析的风险事件在树的顶端，树的分支是被考虑到所有可能的风险原因，同一层次的风险因素用"门"与上一层次的风险事件相连接。"门"有"与门"和"或门"两种逻辑关系。"与门"表示同一层次风险因素之间是"与"的关系，只有这一层次的所有风险因素都发生，其上一级风险事件才能发生。"或门"表示同一层次风险因素之间是"或"的关系，只要其中一个风险因素发生，其上一级风险事件就能发生。

事故树分析法既用于定量分析，也可用于定性分析；既可求出事故发生的概率，也可识别出工程建设中的风险因素。因此，事故树法简单、形象，逻辑性强，应用广泛。

9.2　工程造价风险应对策略

工程项目实施过程中，建设单位、承包单位及咨询单位面临的工程造价风险不同，采取的应对策略也有所不同。

9.2.1　建设单位风险应对策略

面对工程项目不同阶段的工程造价风险因素，建设单位可采取不同的风险应对策略。

1. 工程招标投标阶段

建设单位为应对工程招标投标阶段可能的工程造价风险，需要编制合理的招标文件及准确的工程量清单，制定透明的评标标准，严格审查投标报价的合理性及合同的完整性和合法合规性。

（1）编制合理的招标文件及准确的工程量清单

首先，建设单位应根据自身情况和对市场的估计，确定有利于控制造价和降低风险的招标范围。接下来，必须编制准确的工程量清单，避免出现清单错误或漏项。工程量清单作为工程招标文件的重要组成部分，不仅是投标单位报价的直接依据，而且是建设单位签订合同、调整工程量、支付工程进度款和竣工结算的依据。建设单位不仅承担着工程量误差带来的风险，还承担着承包单位依据工程量清单进行索赔的风险。为此，建设单位在编制工程量清单时，应认真研究设计图纸，仔细分析招标文件中所包含的工作内容及其不同技术要求，在仔细查看地质勘察报告和施工现场的基础上，尽量预测在施工中可能遇到的情况，对将要影响报价的清单项目予以划分。

（2）制定透明的评标标准

评标标准不仅要有评标原则，还要有详细的评标细则，必须紧扣招标文件内容和要求，切实做到评标内容和权重的设置科学合理。同时，评标内容要有指向性并尽可能量化，做到有据可查，防止评标专家仅凭个人主观臆断进行评标。评标标准要在招标文件中说明，并要求在评标过程中不得更改，以防止暗箱操作。

（3）严格审查投标报价的合理性

在工程量清单计价模式下，建设单位承担着"量的风险"，承包单位承担着"价的风险"。投标单位为获得超额利润，往往采用不平衡报价策略，建设单位在工程招标时不能及时准确识别和防范的，必将导致低价中标、高价结算，造成经济损失。为此，应研究掌握投标单位所采用的不平衡报价策略和手法，制定有效的防范对策，这样既可保护建设单位利益，也有利于将施工单位投标报价的竞争转向自身实力、技术和管理水平的竞争上，实现真正意义上的合理低价中标。

（4）审查合同的完整性与合法合规性

要规范合同签订程序，在合同签订前，全面审查合同文件是否齐全，程序是否合法，条款内容是否完整全面、公平合理，定义是否清楚准确，风险是否合理分担等。通过审查，发现和修订合同内容含糊、概念不清或未能完全理解的条款，以及隐含较大风险的条款和显失公平的单方面约束性条款等，以减少在工程结算时可能发生的纠纷。

2. 工程施工阶段

建设单位为应对工程施工阶段可能的工程造价风险，需要强化现场管理与合同管理，完善工程变更和索赔管理制度。

（1）强化现场管理与合同管理

确定中标单位后，建设单位应对中标单位的工程量清单报价、不平衡报价等投标技巧和可能发生的工程变更与索赔做到心中有数，以利于加强现场管理与合同管理，增强索赔处理与反索赔能力。要打破合同管理人员不去施工现场的不良做法，要求工程造价管理人员深入施工现场，切实做到工程变更量与变更费用的双重控制。

（2）完善工程变更和索赔管理制度

承包单位的工程变更申请应提交项目监理机构进行专业技术审查，审查同意后，经建设单位认可，方可由原设计单位编制设计变更文件，同时进行工程造价分析。要明确工程造价变更签认责任人和签证权限，并严格现场签证单管理。同时，要在工程实施过程中规范建设单位自身行为、及时提供相应施工条件、支付工程进度款、预防承包单位索赔事件的发生，并按合同约定规范处理承包单位索赔事件。

3. 工程竣工结算阶段

建设单位在工程竣工结算阶段的重点工作是核算实际完成工程量、审定工程量清单中未列项目单价、处理合同价格调整问题、审核竣工结算总金额。对承包单位追加合同价款的申请或索赔，应认真按合同约定加以对待。同时，建设单位还可对承包单位的违约行为实施反索赔。

9.2.2　承包单位风险应对策略

面对工程项目不同阶段的工程造价风险因素，承包单位可采取不同的风险应对策略。

1. 工程招标投标阶段

承包单位为应对工程招标投标阶段可能的工程造价风险，需要认真研读招标文件，适当运用不平衡报价策略，严把合同签订关。

（1）认真研读招标文件

首先要充分了解招标范围、报价内容和评标标准，认真研读设计图纸，对工程量清单中的工程量进行计算复核，对于不明确之处或工程量清单错误、漏项的，应及时要求建设单位（招标人）澄清、修正。在此基础上，还要认真踏勘施工现场，尽量预测在施工中可能遇到的情况，在制定报价策略时予以充分考虑。

（2）适当运用不平衡报价策略

在一定范围内有意识地调整工程量清单中某些子目的报价，以期既不提高投标总价，也不影响中标，又能在结算时得到更理想的经济效益。

（3）严把合同签订关

首先，要规范合同签订程序，每份合同应经企业内部工程、经营、法律等相关职能部门层层审核、把关，保证合同文本内容全面、完整。其次，要认真研究合同的严密性和规范性，合理运用专用条款和补充条款。最后，要强化合同管理意识，重点审查可能隐含较大风险的条款。例如，对于外部条件不足产生的风险，应明确由谁来承担；对于不确定性因素较多的工程（如地下工程、土石方工程等），应明确约定合同价款调整范围和方式；对于建设单位负责供应的材料设备，要明确约定计价方式等。此外，应详细界定双方违约责任，同时应明确约定合同双方的风险分担范围。

2. 工程施工阶段

承包单位为应对工程施工阶段可能的工程造价风险，需要进行投标报价交底和合同交底，并及时做好工程索赔工作。

（1）做好投标报价交底和合同交底

要充分了解合同范围、报价策略等内容，在履约前做好合同交底，并制定有针对性的工程成本控制措施。此外，还要密切关注合同范围外新增工程的价格签认和合同范围内工程量增减带来的利润和风险变化。

（2）及时做好工程索赔工作

工程项目实施中诸如工程量变化、设计失误、建设单位指令变更、加速施工、施工图变化、不利自然条件及非承包单位原因引起的施工条件变化和工期延误等，承包单位均可提出索赔。为此，要注重工程相关资料（合同、会议纪要、指令变更单等）的收集、整理工作，为索赔提供充分依据。

3. 工程竣工结算阶段

工程竣工结算是控制、消除工程造价风险的最后一关。承包单位在此前各阶段所付出的努力和心血，都会在工程竣工结算成果中体现，并最终决定着工程承包经济效益。承包单位为应对工程竣工结算阶段可能的工程造价风险，需要全面掌握合同、招标文件及施工图纸内容，集中整理分类施工指令变更、现场签证等资料，防止工程竣工结算中错算漏算。同时，要注重合同结算程序、时效性及谈判工作技巧，抓大放小，争取早日回收资金。对于个别不讲诚信、久拖不结的建设单位，应灵活处理，必要时可运用法律武器，以保障自身合法权益，减少经济损失。

9.2.3　工程造价咨询单位应对策略

工程造价咨询单位的风险应对策略可分为两方面：内部控制措施和职业责任保险。

1. 内部控制措施

工程造价咨询单位应对风险的内部控制措施主要有：提高咨询人员专业胜任能力、建立和完善质量保证体系及构筑企业质量文化。

（1）提高咨询人员专业胜任能力

工程造价咨询是集技术和经济于一体的智力服务活动，涉及专业面广、咨询成果要求高。为此，需要一大批专业素养高的工程造价咨询人员。拥有综合素质高、专业能力强的咨询队伍，才能有效避免工程造价咨询业务开展过程中的错误发生，降低工程造价咨询风险。

（2）建立和完善质量保证体系

质量保证体系是工程造价咨询单位控制工程造价咨询成果质量、减少工程造价咨询风险的重要保障。工程造价咨询单位应注重质量保证体系的建立和完善，明确造价咨询职责，落实咨询成果复核机制，确保工程造价咨询成果的真实、可靠、科学、公正。

（3）构筑质量文化

要建立企业质量文化，树立为客户创造价值的咨询服务意识，以严、慎、细、实的工作作风为委托方提供咨询服务，这样才能更持久、全方位地减少工程造价咨询风险。

2. 职业责任保险

购买职业责任保险是工程造价咨询单位及造价工程师转移职业风险、提高社会信誉的重要手段。所谓职业责任保险，是承保各类专业技术人员因工作疏忽或过失造成合同对方或他人人身伤害或财产损失的经济赔偿责任的保险。

工程造价咨询过程是一个既繁琐又复杂的过程，工程造价咨询人员在工作过程中因疏忽或过失导致的造价偏差，将会给委托方或其他工程参与方带来经济损失。一旦因工作不慎发生大额赔偿，对于注册资本金相对较小的造价咨询单位而言是难以承受的。因此，投保职业责任保险是工程造价咨询单位转移风险的首要选择。

建立职业责任保险制度，将有利于强化工程造价咨询单位的风险管理，也有利于完善工程造价咨询行业监督机制及清出制度，同时也是树立行业信用、实现可持续发展的重要途径。此外，在"一带一路"建设大背景下，推行职业责任保险制度也是我国工程造价咨询行业与国际接轨的必要保障。

复习思考题

1. 建设单位、承包单位及咨询单位的工程造价风险因素分别有哪些?

2. 常用的工程风险识别方法有哪些? 各有何特点?

3. 建设单位、承包单位及工程造价咨询单位可采取哪些风险应对策略?

参考文献

[1] 全国造价工程师执业资格考试培训教材编审委员会. 建设工程造价管理 [M]. 北京：中国计划出版社，2019.

[2] 刘伊生. 建设工程项目管理理论与实务（第2版）[M]. 北京：中国建筑工业出版社，2018.

[3] 刘伊生. 建设工程全面造价管理——模式·制度·组织·队伍 [M]. 北京：中国建筑工业出版社，2010.